大展好書 好書大展
品嘗好書 冠群可期

熱門新知 2

圖解人體的神奇

米山公啟／主編
富永裕久
深谷有花／著
林 碧 清／譯

品 冠 文 化 出 版 社

前言

人為什麼對身體這麼感興趣呢？是不是和健康有密切的關係呢？了解自己身體的構造，才能夠保護自己的健康。

做血液檢查，結果發現血液中的膽固醇異常增高，但是，很多患者都說「不想服用藥物」。一天服用一顆藥物，使膽固醇下降到正常值。即使醫師這樣說明，患者也不同意。

如果相信西方醫學的說法，那麼確實的治療的確就是要服用藥物。而「不想服用藥物」的最大理由，就是不了解身體的構造。為什麼一旦罹患心肌梗塞，心臟就會壞死？如果了解其構造，就可以明白應該如何有效的加以預防。大部分的人只具有些微的知識，對於容易罹患疾病的體質放任不管。

想要得到真正的健康，還是要了解身體的構造，否則就無法得到健康。即使擁有社會地位以及龐大的財產，也未必能得到真正的健康。進入二十一世紀，大家對於健康的關心度愈來愈高了。

由科學觀來看，關心身體不僅是為了健康著想，同時，透過思索身體這個與我們最接近的謎團，可以學會很多東西。例如了解眼睛的構造，就可以製造高性能的照相機。人類會想出新的機械，其範本大多是來自於人體。從人體中還可以學到很多東西。因此，我們要努力的去了解身體的構造和疾病，以培養新的科學眼光。

看到一些運動萬能的人，我們經常會說：「他的運動神經很好。」但是這些人真的具有特別的神經嗎？只要解決這個疑問，就會知道怎麼做才能夠在運動方面締造佳績。為什麼人會長毛？光是這個簡單的問題，就具有重要的意義。了解身體的構造，可以在另一個領域成為新的工作或研究主題。

像感冒這個平常的疾病，目前我們也還無法了解其真正的構造。有些人容易感冒，有的人卻不會感冒，這正是人體的神奇。如果以解剖學的觀點來看人體，則可以說從不同的基因到完全不同的個性構成了一個人。感冒會咳嗽，關於這個簡單的問題，恐怕你都不知道該怎麼回答吧！

人的身體並不是完全按照自己的理想設計出來的。如果有細菌進入體內，就會引起發炎症狀，這是因為血液中的白血球增加而造成的。但是保護身體的構造有時也會對身體造成不良的影響。

此外，雖然人體的構造很精巧，但是，就因為這個精巧的構造，所以有時候我們無法隨心所欲的進行治療。像臟器移植，也是因為體內具有排除與自己不同物質的免疫作用而造成攻擊他人臟器的排斥反應。只要理解這些身體的構造並加以研究，就可以在醫學上開發出新的治療技術。

我想，對於身體的疑問，將是上天給予我們的永遠的課題。這是相當偉大的課題。本書從一些非常簡單的問題開始，讓大家慢慢的了解身體的構造，相信各位看過之後，也許會有一些新的發現。當然也會得到一些立刻有所助益的知識。同時，在各人自己的專門領域內，也能衍生出值得研究的知識。

二十一世紀堪稱健康世紀。不僅是醫學，所有科學都應該從各個角度來觀察人體。

如果本書在這方面能夠有所助益，將是作者最大的喜悅。

米山公啟

前　言……3

PART 1

「腦・神經」

控制人體的超級控制塔！

1 腦①——頭腦的好壞由什麼來決定？……22
✤鯨魚腦的重量爲人腦的七倍
✤神經細胞神經元的配線決定腦的靈活度
✤腦的最小單位「神經元」
2 腦②——睡覺時，腦在做什麼？……26
✤爲什麼人要睡覺？
✤睡不著會感到困擾的腦幹
✤速波睡眠與慢波睡眠
3 大腦①——記憶收藏在腦的何處……30
✤記憶分類在腦中的「抽屜」中
✤如果失去「知識的記憶」，則一切都會變得很新鮮嗎？
✤避免遺忘的正統方法
✤個人電腦會超越人類的記憶量嗎？
4 大腦②——感情來自何處？…………34
✤哺乳類有喜怒哀樂嗎？
✤人類失去感情時會變成什麼情況？
5 大腦③——意識與精神宿於何處？…………36
✤意識或精神在腦外的「物心二元論」
✤腦會產生意識和感情的想法
6 大腦④——為何分為左腦與右腦兩部分？…………38
✤性格與能力是藉著二個腦的攜手合作而產生的
✤腦的左半球與右半球有何不同？
✤學會說話的功能在於左腦還是右腦？
✤只有日本人才會出現的奇妙失語症的真相
✤男女的腦有何不同？
✤天才的腦中所隱藏的秘密
7 小腦——平衡感覺與技能記憶的管理者…………44

✤為什麼一旦學會騎自行車或滑雪等技能就不會忘記呢？
✤人的行動是藉著小腦和大腦的互助合作才得以完成
8 腦幹——控制心跳與體溫的中樞……46
✤腦死是何種狀態？
✤人的體內生物時鐘週期為二十五小時
9 神經——遍布五體的傳達網……48
✤世界上有沒有「無神經」的人呢？
✤傳達痛或冷的訊息的離子
10 感覺神經——將外界刺激傳達到腦的神經構造……52
✤傳遞五感的感覺神經的作用
✤為什麼頭部受到撞擊時會眼冒金星？
11 運動神經——將腦的命令傳達到全身的神經構造……54
✤神經的傳達是單向通行的
✤運動選手的運動神經比較特別嗎？
12 自律神經——與維持生命有關的神經構造……56

✿你能使自己的心跳停止嗎？
13 **脊髓——使腦和身體相連的神經纖維的管線**……58
✿除了腦以外也能夠判斷事物的器官脊髓
✿爲什麼看到醃鹹梅就會流口水？

PART 2 「顏面」

人體的管制塔滿載高性能雷達？
1 **眼睛——構造精巧的人體照相機**……62
✿爲什麼能夠「看到東西」？
✿瞳孔的顏色是由什麼決定的？
✿爲什麼哭泣會使眼睛腫脹？
2 **耳朵①——是識別聲音的音聲感應器 — 聽覺**……66
✿爲什麼「聽得見」？
✿多少分貝會振破鼓膜？
✿碰到燙的東西時，爲什麼會去摸耳垂？
✿爲什麼錄下自己的聲音後聽起來好像是別人的聲

音？
✤亞洲人與歐美人的耳垢的不同
3耳朵②——控制平衡感覺的耳朵……70
✤頭暈是耳朵所引起的
4鼻①——分辨氣味的嗅覺與器官……72
✤鼻子能夠聞到氣味的構造
✤爲什麼漸漸的氣味就聞不到了？
✤爲什麼會打噴嚏？
5鼻②——堪稱人體空調器的鼻子……76
✤由鼻子吸入的空氣的溫度決定了一切
✤爲什麼吃巧克力會流鼻血？
6口——將營養素送入體內入口……78
✤世間真的只有五味嗎？
✤何處能夠感覺到味道？
✤擦傷時塗抹唾液的理由
✤消除打鼾的方法
7咽喉——為什麼人能夠發出聲音？……82

✤變聲的構造

8 牙齒——咬碎食物，為人體中最硬的部分……84
✤牙齒白真的就沒問題嗎？
✤棲息在蛀牙中的蟲的真相
✤爲什麼會換牙？
✤爲什麼女性容易出現虎牙？

PART 3

「呼吸系統、循環系統」

給予氧及營養，去除細菌！

1 肺——將空氣中的氧吸收到人體內的構造……90
✤肺左右的大小不同嗎？
✤胸式呼吸與腹式呼吸的不同
✤計算肺活量與肺容量
✤打嗝的構造與治療法

2 氣管——將空氣確實運送到肺的重要管線……94
✤爲什麼食物或飲料會進入胃，而空氣是進入肺中呢

3 心臟——不眠不休、如拳頭般大的唧筒……96
✿一旦心跳加快會形成何種情況？
✿沒有神經相連，心臟也會跳動嗎？
✿心臟不會得癌症的理由
✿心臟不眠不休持續工作，但是……
4 血液——將氧及營養送達全身細胞的運送者……100
✿血液有「紅」與「黑」二種
✿貧血是如何發生的？
✿血液是由哪些成分構成的？
✿血液凝固時的條件
✿被蚊蟲叮咬卻不會發癢的方法
✿血型和性格完全無關！
5 血管——遍布全身的血液的道路……108
✿循環體內的血液之旅
✿血液能夠倒流嗎？
6 骨髓——製造血液的工廠……110
✿血液從哪裡製造出來？

7 淋巴──與細菌作戰的人體自衛隊……112
✿淋巴管只有「歸來道路」
✿擊退病毒的活躍淋巴
✿爲什麼臟器移植很困難
✿花粉症的真相？

PART 4

「消化系統、泌尿系統」

負責維持人體生命的化學工廠

1 胃──將食物變成養分的調理廠……120
✿即使沒有胃，人也不會死亡
✿爲什麼肚子會「咕嚕咕嚕」的叫？
✿正確的噯氣處理方法
✿胃液真的不會自我溶解嗎？
✿爲什麼遇到擔心的事會胃潰瘍？

2 腸──吸收養分的腸的構造……126
✿從食物到變成糞便爲止的旅程

✿茶褐色的糞便是健康的證明
✿忍耐沒有放出來的屁到哪裡去了？
✿屁真的能夠燃燒嗎？

3 **肝臟──獨自負責「合成、分解、貯藏」三種任務的化學工廠**……132
✿可以製造人工心臟卻無法製造人工肝臟
✿可以增強酒力嗎？

4 **胰臟──使身體機能順暢運作的背後力量**……136
✿調節血糖值的胰臟

5 **膽囊──肝臟的重要夥伴**……138
✿爲什麼體內會形成結石？

6 **腎臟、膀胱──二個器官攜手合作保持體內乾淨**……140
✿形成尿液的構造
✿爲什麼緊張時會一直想上廁所？
✿尿的顏色依狀況的不同而有不同

PART 5

「生殖器官」

創造生命的男與女的構造

1 男性生殖器——生命的根源、持續製造精子的工廠……146

✤睪丸垂掛在體外的理由

✤早晨醒來陰莖勃起的人是做了春夢嗎？

2 女性生殖器——孕育新生命的女性身體的神奇……148

✤據說「生理會傳染」是真的嗎？

✤爲什麼經血不會結痂？

✤女性生理前容易生氣的科學根據

✤可以用處女膜來判斷貞操嗎？

✤乳房的內容是什麼？

3 性交——男女互相吸引的構造……154

✤吸引異性是爲了繁衍子孫

✤人類的性行爲複雜化的理由是什麼？

✤爲什麼精子不會受到淋巴的攻擊？

4 男與女——人類留下子孫的巧妙系統……158
✿男人原本也是女人
✿在懷孕第幾個月時可以知道是男是女？
✿身心不一致的原因在於母胎嗎？
5 胎兒——寄宿在母親體內大約三六週的生命……164
✿孕吐的構造
✿陣痛是如何發生的？
✿莫札特音樂對胎教很好的理由

PART 6

「外皮、骨骼、體毛」

保護人體的外壁與支撐人體的支柱

1 皮膚——保護肉體的塗料……170
✿泡脹的皺紋和年紀大了之後的皺紋不同
✿污垢是如何發生的？
✿出現雞皮疙瘩的構造
✿禿頭的人不會有頭皮屑嗎？

✿爲什麼指紋能夠成爲事件證據？
✿腫包的膿是戰士的墓碑
2 肌肉——控制人類動作的肌肉的構造……176
✿你屬於白肉人還是紅肉人？
✿爲什麼會發生肌肉痛呢？
✿小腿肚抽筋的構造
✿消除肩膀酸痛的方法
✿瘤子的內容是什麼？
3 骨骼——人體的支柱，骨骼的神奇……182
✿折斷的骨頭如何重新連接起來？
✿骨質疏鬆症的真相？
✿爲什麼脛骨會疼痛？
✿早晨和中午的身高不同
4 指甲——使指尖感覺敏銳的指甲的作用……186
✿看指甲就可以了解一個人的健康狀態
5 毛髮——從頭髮到陰毛，人類至今還有毛髮濃密的現象……188

✤爲什麼黑髮會變白髮？
✤鬍鬚和胸毛的作用？
✤爲什麼陰毛會捲曲？

PART 7

「未知的人體」

你所不知道的身體！

1 奇怪現象——某天某時突然出現在人體的怪現象……194
✤「身體不能動彈！」鬼壓床是如何發生的？
✤「我以前好像來過這裡……」爲什麼會出現似曾相識的感覺呢？
✤「自己的身體好像被別人操縱著！」外星人的手的真相
2 超能力——超越界限神奇的人體力量……198
✤火災現場的傻力氣出自何處？
✤發揮與電腦相同計算能力的沙旺？
✤爲什麼會出現沙旺這樣的人

3 日常生活——適合人體構造的理論……202
✿應該先吃飯還是先洗澡？
✿真的不可以用茶送服藥嗎？
✿補充體力的飲料真的能夠奏效嗎？
4 體溫——感覺到冷或熱，表示身體健康……206
✿爲什麼感冒發燒卻還覺得寒冷呢？
✿人類的體溫界限爲多少度？
5 常識·非常識——你的「理所當然」是錯誤的嗎？……210
✿悲傷之淚與喜悅之淚的味道不同？
✿顏色真的會影響精神狀態嗎？
✿乳房的數目不只二個嗎？
✿打呵欠證明正在使用頭腦
〔參考文獻〕……214
〔用語解說索引〕……216

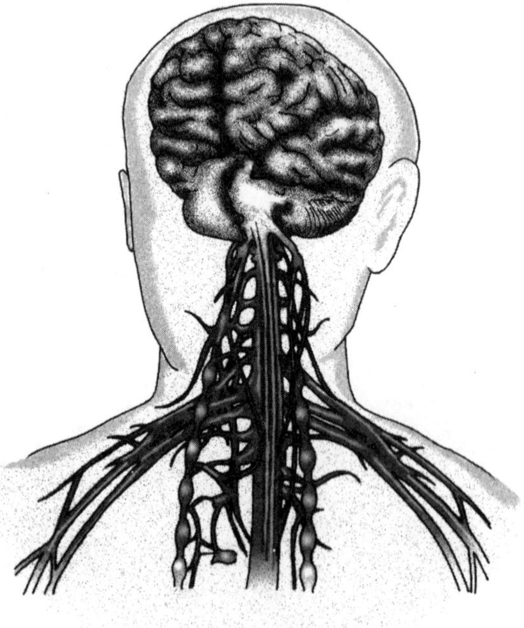

PART
1

「腦・神經」

產生精神的內在宇宙
控制人體的超級控制塔！

☞ 頭腦的好壞由什麼來決定？
☞ 到死為止不眠不休持續工作的腦
☞ 情感與記憶存在於何處？
☞ 運動選手的運動神經比較粗嗎？
☞ 為什麼不能夠靠自己的意思讓心跳停止？

1 腦①——頭腦的好壞由什麼來決定？

♣頭腦的靈活度是由神經細胞神經元決定的

✤鯨魚腦的重量為人腦的七倍

漫畫中的科學家，也就是頭腦聰明的人，大多頭很大。而來自宇宙智慧生命體的頭也一定很大。這些造型給人一種頭腦聰明＝腦大、腦重的印象。

的確，過去不少偉人的腦都比較大。像俄國大文豪**屠格涅夫**的腦重量達二〇一三公克，有鐵血宰相之稱的俾斯麥為一八〇七公克，哲學家康德為一六五〇公克。人的平均腦重量為一二〇〇～一四〇〇公克，所以，他們的腦相當的重。

難道頭腦聰明與否真的是由腦的大小來決定的嗎？事實上並非如此。像法國小說家**阿納托爾・法朗士**的腦即為一〇一七公克，比平均值來得低。

將人的腦重量與其他動物相比較，大象的腦為四〇〇〇公克，鯨魚有九〇〇〇公克，但是，我想大家不會認為這些動物比人類聰明吧！

既然否定了腦的重量與智慧成正比的說法，那麼，到底是腦重量占體重較大的比例比較聰明？還是腦的皺紋較深、較多比較聰明呢？

雖然眾說紛紜，但是這些說法和頭腦的好壞都沒有直接關係。

Science memo **屠格涅夫**（1818~1883）俄國小說家。著作包括『前夜』、『父與子』等，捕捉時代動盪及『初戀』等的故事，將失戀以抒情詩的方式描述出來。

腦的大小與聰明與否有關嗎？

鯨魚
9000g
大象
4000g
人類
1200
～1400g

人類頭腦的大小與聰明度不見得成正比

✤神經細胞神經元的配線決定腦的靈活度

那麼，到底是由什麼來決定頭腦的聰明與否呢？

最有力的說法是，稱爲神經元的腦的神經細胞形成的複雜迴路，才是頭腦聰明與否的重點。

基於這個想法，神經細胞的配線會產生記憶、知覺，以及想像力和判斷力等。

對於某種刺激能夠利用腦的迴路讓資料迅速的流竄且擁有幾條不同腦的迴路的人，其頭腦比較靈活。

腦的配線會經由學習和反覆等增加多樣性及網絡，資料的傳達也比較快速。所以，平常較常使用腦的人比較聰明。

Science memo 阿納托爾・法朗士（1844～1924）

法國作家。作品特色為輕妙、辛辣式的嘲諷。曾寫過小說『波拿爾之罪』等，得過諾貝爾文學獎。

✿腦的最小單位「神經元」

前面說過，決定人類的頭腦聰明與否的關鍵在於神經元的纏繞。神經元到底是什麼呢？

不管任何生物，最小的構成單位都是**細胞**。人的身體是由細胞構成的，而腦當然也是如此。

構成腦的細胞大致分爲二種。一種是神經元（神經細胞），另一種是神經膠質細胞。

神經元具有如左圖所示的奇妙形狀。神經細胞伸出的長長一隻手，稱爲軸索，具有將資料傳達到其他神經元的機能。前後左右如樹枝般擴張的手，稱爲樹突，具有接受來自其他神經元的資料的作用。

成人的大腦中有一四〇億個神經元。其複雜的糾纏在一起，形成一個大網路。既然命名爲神經細胞，則神經元當然就是神經傳達的根源。事實上，記憶、情感、性格及意識等，也是由這個構造產生的。

支持神經元的，則是神經膠質細胞。

神經膠質細胞將營養運送到神經元，清掃神經元四周等，具有輔助的使命。

Science memo **細胞**　構成生物的最小單位。經由分裂而增殖。包括擁有核的真核細胞以及無核的原核細胞。

神經細胞「神經元」的構造

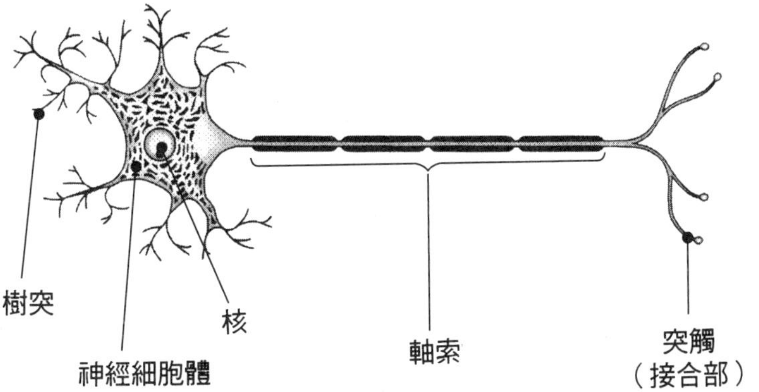

樹突
核
軸索
突觸
（接合部）
神經細胞體

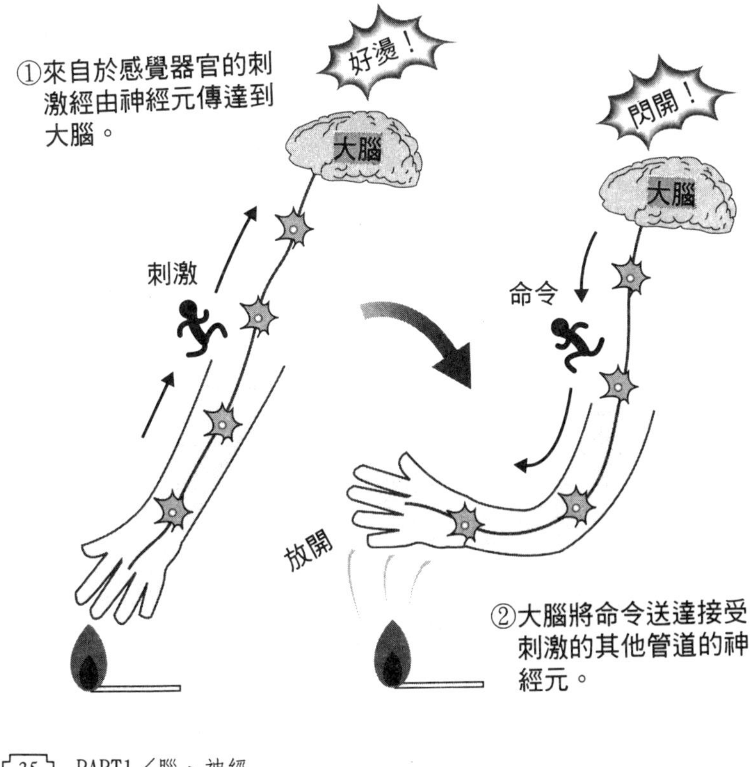

①來自於感覺器官的刺激經由神經元傳達到大腦。
好燙！
大腦
刺激
閃開！
大腦
命令
放開
②大腦將命令送達接受刺激的其他管道的神經元。

2 腦②——睡覺時，腦在做什麼？

♣有在睡眠中睡著的腦，也有到死為止都不眠不休的腦

✤為什麼人要睡覺？

我們每天晚上都要睡覺，這被認爲是理所當然的事情。但是，人爲什麼要睡覺呢？老實說，現代的科學還無法完全了解睡眠的構造。

當然，我們知道睡眠是爲了腦的維修以及身體的休息，但是，在睡眠時腦會出現何種變化，具體的情形仍不得而知。此外，如果只是單純的待在那裡不動，則爲什麼對身體而言並不能夠算是真正的休息呢？目前也無法了解真實的情況。

✤睡不著會感到困擾的腦幹

但在睡眠時，並不是整個腦都在睡覺。如左圖所示，腦是由大腦、小腦、腦幹等器官所構成的。大腦又可以分爲**大腦皮質**、大腦髓質，腦幹可以分爲間腦、中腦、腦橋、延髓。間腦則可以分爲丘腦、丘腦下部、下垂體。其中會睡覺的部分是大腦皮質與丘腦。睡眠時沒有意識，就是因爲負責產生意識的大腦皮質在休息的緣故。

另一方面，只要人活著，丘腦以外的腦幹就不會睡覺。一旦功能停止，

Science memo **大腦皮質**　共有 140 億個神經細胞的集合體。掌管精神作用的部位，有各種的運動及相關的中樞分布。

大腦圖

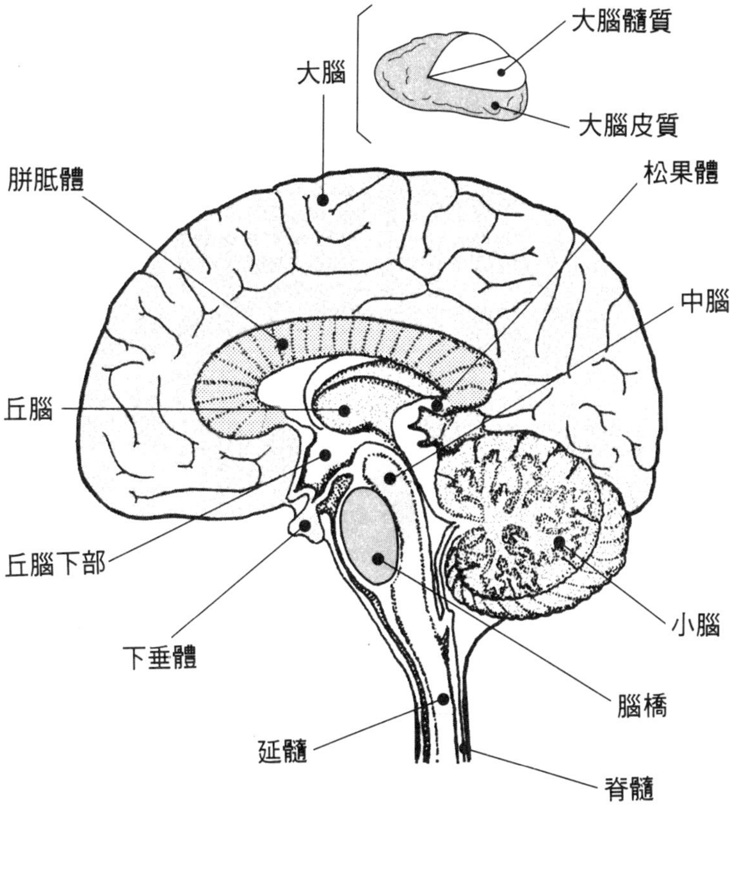
大腦
大腦髓質
大腦皮質
胼胝體
松果體
中腦
丘腦
丘腦下部
小腦
下垂體
腦橋
延髓
脊髓

腦幹：間腦＋中腦＋腦橋＋延髓
間腦：丘腦＋丘腦下部＋下垂體

則呼吸和心臟也會停止，而且無法調節體溫。

✿速波睡眠與慢波睡眠

大腦其他的某些部分，和睡著了就表示個人已經死亡的腦幹不同之處是睡著也無妨。但是睡著時，大腦皮質並不是一直在睡覺。

睡眠分爲速波睡眠與慢波睡眠二種。

速波是指Rapid Eye Movement（眼睛快速移動），指眼球不斷快速移動的睡眠，稱爲淺眠。此時大腦皮質並沒有完全睡著，腦波還相當的活絡，而且呼吸及血壓等反而比清醒時更高。

但是，此時肌肉鬆弛下來，得到休息。換言之，速波睡眠不是讓腦，而是讓身體休息的狀態。做夢也是在速波睡眠狀態下所產生的行爲。在清醒之前恍恍惚惚的，甚至會產生一些工作上的靈感，此時就是處於這個狀態。

因爲相對論而著名的**愛因斯坦**，以及發現苯環的化學家**凱克雷**等偉人，經常都是因爲夢中的構想而產生偉大的發明或發現。

另方面，慢波睡眠則是大腦進入深沉睡眠的狀態。大腦皮質睡著了，呼吸和血壓也維持在較低的穩定狀態。旁人想要叫醒他，卻一直醒不過來，就是因爲處於慢波睡眠狀態的緣故。

慢波睡眠與速波睡眠不同的是，身體反而清醒了起來。像經常翻身等，就是處於慢波睡眠的時間帶。

Science memo **愛因斯坦（1879～1955）**理論物理學家。提倡光量子說、特殊及一般相對論等。在普林斯敦高等研究所進行相對論的一般化的研究。得到諾貝爾物理學獎。

速波睡眠與慢波睡眠會交互出現

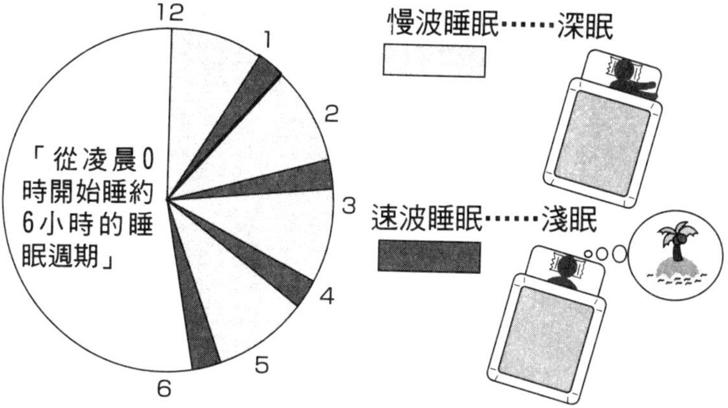

12
1
2
3
4
5
6
「從凌晨0時開始睡約6小時的睡眠週期」
慢波睡眠……深眠
速波睡眠……淺眠

在睡眠中，速波睡眠與慢波睡眠會週期性的循環。剛開始睡著時，會出現淺的睡眠，然後慢慢的進入深的慢波睡眠，大約在六十五分鐘內又變回速波睡眠。速波睡眠持續約二十分鐘之後，又再度變成慢波睡眠。當然，個人差異及身體狀況也會有所影響，但是，一個週期約爲九十分鐘，一晚大約要反覆四～六個週期。

不需要別人叫、自己就會自然清醒的是在速波睡眠時。想要迎接清爽的清醒狀態，就必須在大腦皮質清醒時的速波睡眠時起床較好。因此，鬧鐘要設定在九十分鐘的倍數，也就是四個半小時後、六個小時後或七個半小時後較好。

動物睡眠的情形只出現在哺乳類和鳥類身上。也許這是只有高等生物才享有的特權吧！

Science memo **凱克雷（1829～1896）** 德國化學家。定出碳的原子價為 4，以及苯的構造式，確立有機化學構造論的基礎。

3 大腦①——記憶收藏在腦的何處？

♣記憶包括「意義記憶」、「技能記憶」等不同種類

✿記憶分類在腦中的「抽屜」中

我們所說的記憶，即人類的記憶有好幾種。

「這裡是哪裡？我是誰？」在連續劇中經常出現喪失記憶力的場面。這時所失去的是插曲記憶。

如果所有的記憶都喪失了，就甚至想不起來「這裡」或「我」這些詞彙，亦即根本無法使用舌頭或嘴巴來發音。

記憶大致可以分爲「身體記住的記憶」與「頭腦記住的記憶」。

前者如騎自行車的方法或彈鋼琴的方法等，也稱爲技能記憶。後者則是遇到問題時會思考，然後想出答案的記憶，也稱爲知識的記憶。知識的記憶包括自己過去回憶等的插曲記憶，以及經由學習得到的意義記憶。學校的應考就是代表的意義記憶。

插曲記憶儲藏在左圖的額葉與海馬部分，意義記憶儲藏在頂葉和顳葉前部。另一方面，技能記憶則深印在小腦和大腦基底核的部分。這些記憶很難失去。像一旦學會騎自行車的方法，就不會忘記。

Science memo **記憶**　據說出生前的胎兒就有記憶，甚至能夠記住母親的體味等。但是，在出生時藉著母胎所分泌的荷爾蒙的作用，會使以前的記憶在誕生時消失。

記憶的所在

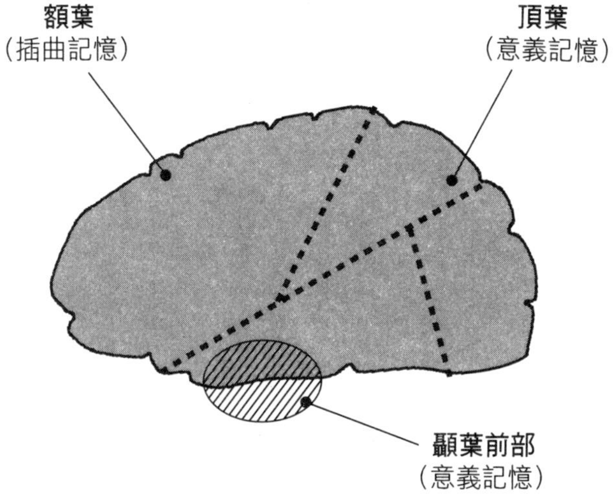
額葉
（插曲記憶）
頂葉
（意義記憶）
顳葉前部
（意義記憶）

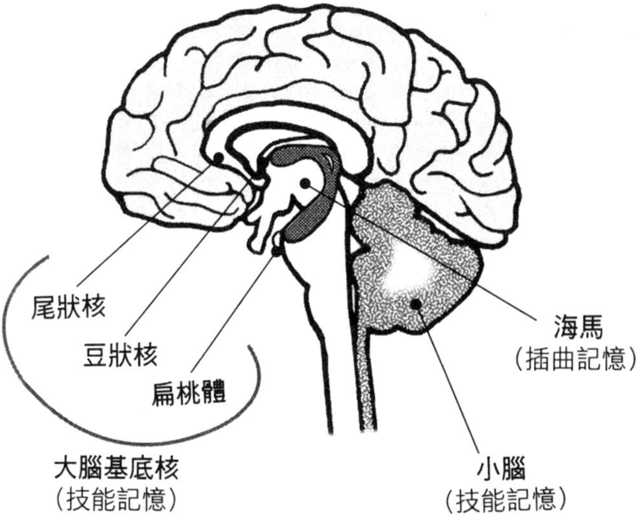
尾狀核
豆狀核
扁桃體
大腦基底核
（技能記憶）
海馬
（插曲記憶）
小腦
（技能記憶）

✿如果失去「知識的記憶」，則一切都會變得很新鮮嗎？

因為生病而動手術切除三分之二的海馬及其周邊組織和扁桃體的患者，手術之後對於新的事物完全無法記住。過了幾十年，還認為自己是當年動手術時二十五歲的年紀，相信已經死掉的朋友及家人依然健在，甚至才在幾小時前還見過他們。照鏡子看到自己已經成為老人時，嚇了一跳。但是，立刻就忘了這個打擊。學者們對他進行好幾次單純的測驗，然而他卻毫不厭倦。因為對他而言，每一次都是初體驗。

但是，「技能的記憶」則很正常，教他彈鋼琴之後，他就很會彈，只不過不記得自己曾經學過彈鋼琴。對他而言，自己會彈鋼琴是很不可思議的一件事情。

✿避免遺忘的正統方法

記憶可以配合保存時期來進行分類。包括短暫記憶、短期間記憶、長期間記憶。

短暫記憶是暫時記住的記憶。例如，從看了便條紙上的電話號碼到打電話為止的幾秒鐘內，都可以記得電話號碼的記憶，就是短暫記憶。

短期間記憶的保存期間比較長。例如，「昨天和誰開會，說了些什麼事情」等可以記住幾天的記憶。

Science memo mega　希臘文「大」、「巨大」的意思。通常表示 100 萬（10^6）倍，但是在表示電腦的記憶容量時，則是指 2^{20}（=1048576）倍。

長期間記憶則是孩提時代的回憶、朋友們的名字，或是工作上的專門知識等已經牢記在腦海中的記憶。

不管任何記憶，最初都只是短暫記憶，暫時儲存在大腦中，如果沒有好好的使用，就會失去記憶。相反的，如果再三想起而持續使用，則語言就會輸入到顳葉，畫像就會輸入到枕葉，輸入到各種記憶的部位。關於什麼樣的記憶會儲存在哪個部分，目前還不了解詳細情形。想要避免忘記事情，就要反覆記住，除此之外別無他法。

✿個人電腦會超越人類的記憶量嗎？

一九九〇年時，個人電腦的硬碟空間是一百ＭＢ（megabyte）。當時很多人都很佩服，認為「這一台就能夠記憶一百片以上的軟碟資料嗎？」而現在，其空間達到其一百倍的十ＧＢ（gigabyte）已經是理所當然的事情了。有的人認為，電腦容量超過人腦記憶容量的日子應該為時不遠了……

根據某位知名學者的推算，人腦的記憶容量為一京（一兆的一千倍）byte以上，相當於一一六萬ＧＢ以上，是先前所列舉的十ＧＢ硬碟的十一萬六千倍。但是到底是不是有這麼多，每個人的看法都不一樣。

有些專家對這個推算頗為懷疑。

包括記憶在內的腦的功能，既然是神經網內信號的複雜組合，那麼就不可能單純的以腦細胞數等來表現。

Science memo byte　資料量的單位。在電腦內部進行資料處理時，一單位資料記號(bit)的區域。8bit 為 1byte。

4 大腦②——感情來自何處？

♣除了人類以外，也有具有類似感情的動物

✤哺乳類有喜怒哀樂嗎？

人類被稱為感情的動物。事實上，高度的感情只有人類才有。但是，感情前階段的情緒，則很多**哺乳類**都有。情緒是指快感、不適應感、憤怒、恐懼等本能的情感動態。另一方面，感情則是源於情緒的喜悅、悲傷或憤怒等比情緒更高等的反應。

✤人類失去感情時會變成什麼情況？

大致而言，腦愈往中心愈原始，愈接近邊緣愈高等。原始的情緒出現在腦中央的丘腦下部，而像人類的感情，則是在大腦皮質的額葉。這是觀察因為事故而失去部分額葉的人的例子才知道的事實。

失去一部分額葉的患者，完全沒有喜怒哀樂等感情的表現。他們看到悲慘的照片，面不改色。他們的回答是：「雖然了解這是殘酷的事情，但不會覺得討厭。」也就是說，雖然「了解」，但是「沒感覺」。同樣是腦，但是，理解和感情是由不同的部分發揮作用的。

事實上，患者的確失去了感情，但是**智商**、記憶力、推理能力等都很正

Science memo **哺乳類**　基本上會生下胎兒，雌性會分泌乳汁，哺育子女。是脊椎動物的一綱，為溫血動物。用肺呼吸。

感情的所在

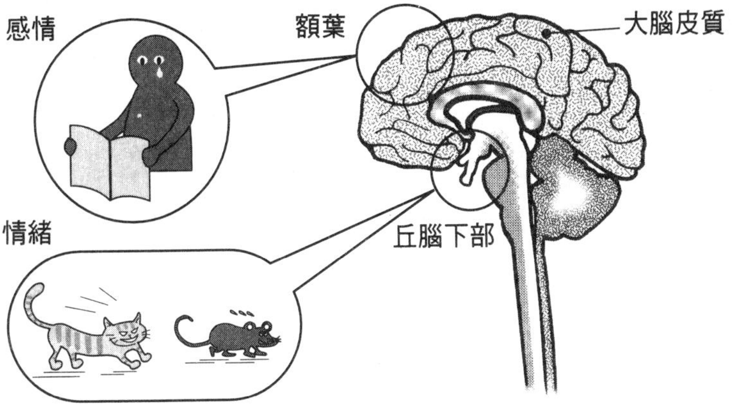

常，富於邏輯性，因此，遇到一些非常事態也不會動搖心志。

由此看來，這名患者在商場上應該會獲得成功。因爲他會說「這是不合邏輯的」，好像科幻電影裡的太空人似的說這些台詞，採取最合理的方法，付諸行動……。

但事實上並非如此。

的確，在做生意的各種場面，他會浮現出很多適合這個狀況的合理構想，但卻無法決定應該從中採用哪一種構想。沒有感情，沒有好惡，因此無法衡量事物的輕重。直覺也無法發揮作用，所以失去了對於他人的性格或能力加以評價的感覺。

Science memo **智商**　別稱 IQ。依年齡表示智能程度，以智能年齡來除，然後乘以 100。用來測定智能的發達程度。

5 大腦③——意識與精神宿於何處？

♣在腦中還是在腦外，目前還在爭論中

✿意識或精神在腦外的「物心二元論」

「我思故我在——」

這是十七世紀哲學家**笛卡兒**的名言。自古以來，我們就把意識和精神做爲人類存在的證明。很多哲學家、科學家、神學家持續探索意識的根源，目前對意識有二種想法。

一種是認爲意識是「不依賴物質的超自然者」的想法，肇始於先前所說的笛卡兒所主張的「**物心二元論**」。笛卡兒認爲物體（肉體）和精神各自獨立，存在於不同的領域中。

✿腦會產生意識和感情的想法

另外一種想法認爲「意識是腦的活動產生出來的」。意識並不是超自然的存在，這是以科學的方法來探索而產生的說法。事實上，精神分裂病或鬱病等精神疾病出在額葉的障礙，所以推測額葉是精神之座。

但是，還有許多不明白之處。例如，堪稱精神之座的額葉在大腦分爲左右兩邊。精神到底在哪一邊呢？或者是有一個以上的精神呢？還是說，精神

Science memo **笛卡兒（1596～1650）** 法國哲學家。為近代哲學之祖、解析幾何學的創始者。著作包括『方法導論』等。

精神在何處？

哲學的觀點
科學的觀點
精神是不依賴物質的超自然者＝物心二元論
精神
精神來自於腦
精神

是否有方法確認自己以外的人其意識的有無呢？

是由神經元糾纏在一起，也就是藉著此構造而產生出來的。

如果把這些資料移到電腦裡，電腦會不會產生意識呢？如果能夠產生意識，又該如何加以確認呢？我們如何了解自己以外的人是有意識的呢？

關於這些，我們什麼也不了解。雖然爲了找尋腦的各個部分具有何種作用而嘗試製作了腦地圖，但是，如果以地球來做比喻，則這份地圖的作業進度應該還在紀元前的水準。

幾位腦的研究家認爲「愈調查愈讓人懷疑意識的存在」。意識也許是腦這個物質所產生的妄想、錯覺吧！

Science memo **物心二元論** 對於某個對象的考察，藉著 2 個根本原理加以說明的想法。認為宇宙的根本原理在於精神與物質兩者的想法。

6 大腦④—為何分為左腦與右腦兩部分？

♣左腦專司語言機能，右腦懂得掌握空間

✤性格與能力是藉著二個腦的攜手合作而產生的

人體很多器官都有成雙的部分。例如手、腳、眼睛、耳朵、乳房……。如果只看外觀，大家想到的就是這些。而在內臟方面，則包括腎臟、肺等。這些器官之所以有二個，理由有很多。有二個眼睛，是因爲能夠以力學的方式看物體，有二個耳朵是因爲能夠以立體音響的方式享受音樂之樂，有二隻腳是爲了方便步行，而搬東西時有二隻手比較方便。這種有二個的器官，一旦失去其中一個，就會變得不方便。

我們的大腦在外形上也有二個，以其機能來看，很明顯的是雙重器官。大腦分爲右半球與左半球，藉著**胼胝體**相連。二個腦對每個人的性格與能力會造成很大的影響，這點稍後會加以解說。

✤腦的左半球與右半球有何不同？

調查腦和身體的關係，發現右半身由左腦控制，左半身由右腦控制，稱爲**交叉支配**。利用交叉支配，對於左右腦進行各種研究。例如，調查連接兩

Science memo **胼胝體** 在大腦半球的內側取得左半球、右半球大腦皮質聯絡的部分。

左腦與右腦的交叉支配

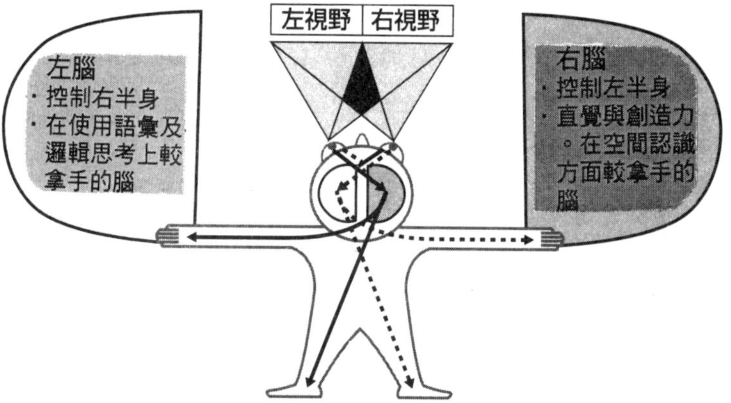
左視野
右視野
左腦
・控制右半身
・在使用語彙及邏輯思考上較拿手的腦
右腦
・控制左半身
・直覺與創造力。在空間認識方面較拿手的腦

邊腦的胼胝體被切斷後的患者，發現其左右腦不同。讓患者光用右腦支配的左視野或光用左腦支配的右視野看圖畫，然後請他們說出畫的是什麼。這是實驗的一種。

結果大多數的患者能夠說出出現在右視野的物體名稱，但無法說出左視野中的物體名稱。但是，用左視野看到的東西卻能夠用手找出來。也就是說，雖然知道是什麼東西，卻無法用語言說出來。

由此實驗可以了解，左腦是對語言或邏輯比較拿手的腦。時間的概念、連續的精細手工作業等，都是由左腦來支配。

而右腦則對於空間認識、直覺印象等比較拿手，所以創造的想法、音樂或

Science memo **交叉支配** 右半身由左腦控制，左半身由右腦控制，稱為交叉支配。

美術上的才能都在於右腦。

此外，從很多人像、照片中發現朋友的臉的能力，也是由右腦來負責。

✿學會說話的功能在於左腦還是右腦？

人類和動物最大的差距之一，就是語言的有無。人會進行各種思考，文明、文化相當的發達，語言更是不可或缺的。那麼，語言到底記憶在腦的何處呢？

為了想出這個問題的答案，相關的腦的研究歷史相當悠久，十九世紀時就已經知道，是在稱為**布羅卡**區與**韋尼克**區的部分。

布羅卡區是法國外科醫師布羅卡所發現的，是指左腦的額聯合區域。會說話、會寫字的機能在布羅卡區，一旦此處出現毛病，即使能夠了解語言的意義，卻無法說話，會罹患運動性失語症。

另一方面，韋尼克區則是德國精神科醫師韋尼克所提出的想法，也就是指左腦的顳聯合區域的部分。這是了解語言意義的機能，一旦受損時，就會形成無法了解語言的感覺性失語症。

總之，語言是由左腦來負責的。

✿只有日本人才會出現的奇妙失語症的真相

布羅卡區與韋尼克區一旦出現毛病時，則不論是閱讀或聽話、說話等都

Science memo　**布羅卡（1824～1880）**　法國外科學家。發現腦的語言中樞，締造許多與腦外科學有關的研究成果。此外，也是相當活躍的人類學家。

腦對於五十音與漢字的處理順序不同

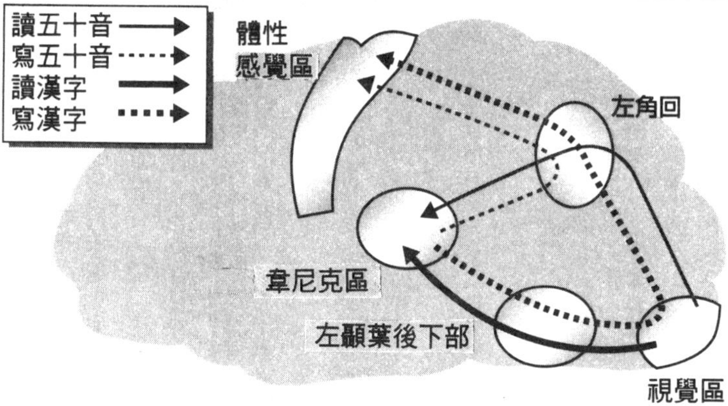
讀五十音
寫五十音
讀漢字
寫漢字
體性感覺區
左角回
韋尼克區
左顳葉後下部
視覺區

不方便。但是，卻也有人只出現失讀症這種閱讀障礙而已。失讀症是日本人，不，應該說是使用日文的人才會出現的奇妙現象。使用日文的人會產生五十音失讀和漢字失讀兩種失語症。

日本人對漢字和五十音是用腦的不同部分來閱讀的。原因在於日文的特殊性。歐美的語言則是使用字母的表音文字，日文中的漢字則是每一個字都有其意義的表意文字，而且上面有很多音，也就是有很多種讀法。

由於這種文字的特性，因此使用日文的人，首先要從漢字的形來想像它的意義，然後用另一個腦找尋它的音來唸出。

根據以往的研究，歐美人的失讀症和日本人的五十音失讀症，與左腦的角

Science memo 韋尼克（1848～1905） 德國精神科醫師。進行失語症的研究。發現半盲症的瞳孔反應等。發現說話的語言或書寫的語彙的理解中樞韋尼克區。

回障礙有關，但是，只有漢字失讀症是由於左顳聯合區域障礙造成的。

✿男女的腦有何不同？

有些男性會說：「女人什麼都不知道！」有的女性則說：「男人不知道在想些什麼！」不論古今中外皆然。

關於腦的構造，光看外觀，男女的構造就有不同。男性的腦重量爲一三〇〇至一四〇〇公克，女性則爲一二〇〇至一二五〇公克。在體重中，腦重量所占的比例以女性較大。而連接左右腦的胼胝體的粗細，女性的比較粗，左右腦的聯絡比較好。

這些性別差異，是**胎兒**時期腦所接受的**荷爾蒙**造成的影響。這個荷爾蒙使女性的腦較早形成神經元網路，所以比較早學會說話，身體的成長也比較快速。此外，右腦和左腦能夠均衡的發展。另一方面，男性比女性成長遲緩，左右腦各自具有獨特化的機能。例如，許多男性只用右腦的一部分進行空間認識，而女性則是用右腦和左腦來進行空間認識。

有人認爲，男性由於左右腦各自擁有不同的特色，因此能夠誕生優秀的人才。不過這當然只是一個假設。也有人提出相反的看法，認爲女性左右腦能夠均衡的成長，因此很難產生比較極端的人物。

此外，能夠同時用兩個腦做體操，雖然能夠增加正確性，但是，這只是

Science memo **胎兒**　在哺乳類的母胎體內持續成長的未成熟幼體。經由胎盤接收所需要的氧或營養。

天才與凡人的差異來自於右腦與左腦的分化嗎？

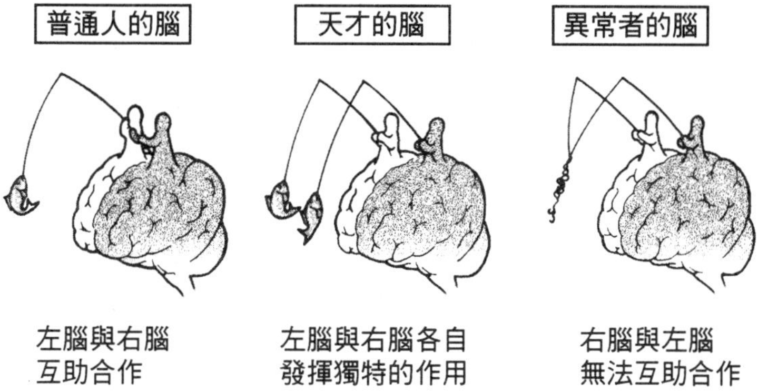
普通人的腦
天才的腦
異常者的腦
左腦與右腦
互助合作
左腦與右腦各自
發揮獨特的作用
右腦與左腦
無法互助合作

大致的傾向，其實有很大的個人差異。

✿天才的腦中所隱藏的秘密

提到天才，一般並不是指學校成績很好或智商較高的人，而是具有出類拔萃的創造力，能夠產生以往人類所無法想像的劃時代體系的人。因此，天才大多是脫離常識的人。事實上，被稱爲天才的人，幾乎都沒有什麼社會性。

天才的腦和普通人的腦到底有什麼不同呢？

以腦的觀點來看天才，其兩個腦分化得相當嚴重。的確，如果兩個腦不會重複，就能夠各自做不同的工作，當然可能產生許多好的構想。但是如果無法順利的發展，則兩邊的腦就無法互助合作。有人說天才和白痴只有一線之隔，理由就在於此。

Science memo **荷爾蒙**　對於某個組織的活動會造成某種變化的物質的總稱。由內分泌腺分泌，隨著體液一起在體內循環。

7 小腦——平衡感覺與技能記憶的管理者

♣對於記憶的管理比大腦更徹底

✿為什麼一旦學會騎自行車或滑雪等技能就不會忘記呢？

讀幼稚園時，在不斷跌倒中學會了騎自行車，進入小學後，被丟到游泳池裡學會了游泳。這些技能即使好幾年不使用也不會忘記，爲什麼呢？因爲這些技能是由小腦記住的。隨著**老化**，大腦的神經元數目會減少，但是小腦的神經元則不易失去，因此學會的東西不容易忘記。

但是，同樣是技能記憶，有時隨著年紀增加就無法學會了。例如，吊單槓等。事實上，在小腦中也確實記住了這些記憶，但是，那只是藉著學會時的肌力和體重所產生的感覺。當肌力衰退、體重增加時，小腦就記不住了。年輕時會打棒球的人，年紀大了以後偶爾試試身手時，則往往應該接得到的球卻漏接了，也是一樣的道理。

雖然用頭腦可以接得到球，但是身體已經跟不上了。

✿人的行動是藉著小腦和大腦的互助合作才得以完成

人類的運動、行動，全都是藉著大腦和小腦的互助合作才能夠完成的。

Science memo **老化**　是指年紀大的意思。腦的神經細胞衰退或死亡，結果不僅是記憶力，連集中力、判斷力、思考力都會減退。

大腦與小腦的互助合作

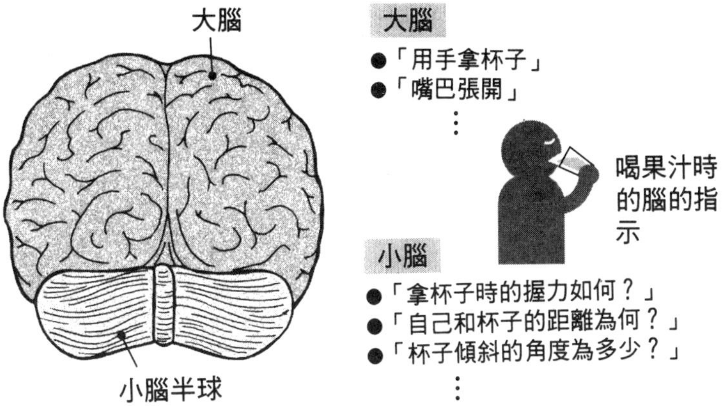
大腦
小腦半球
大腦
●「用手拿杯子」
●「嘴巴張開」
⋮
喝果汁時的腦的指示
小腦
●「拿杯子時的握力如何？」
●「自己和杯子的距離為何？」
●「杯子傾斜的角度為多少？」
⋮

例如，游泳時想要往右轉還是要浮上來時，下達將動作付諸實行的指令的是大腦的功能。但是，細微的身體的控制，則是小腦的責任。在無意識當中活動身體，就是小腦在運作的緣故。

寫字這個動作也是同樣的。能夠記住漢字的是大腦，而手的動作則由小腦來負責。以前會寫的字大腦忘記了，但是查字典之後寫出的字跡並不會改變，就是因爲運筆的工作是由小腦來負責。

小腦不僅僅負責技能記憶而已。像右手的食指和拇指抓住左手無名指的動作，即使在眼睛看不到的黑暗狀態，也能夠辦到。這個動作就是藉著小腦的功能來完成的。

此外，走平衡台時所需要的**平衡感覺**，也是藉著小腦的作用來完成。

Science memo **平衡感覺**　對於重力能夠知道身體位置及平衡的感覺。為了保持正常的姿勢，需要平衡感覺。

8 腦幹——控制心跳與體溫的中樞

♣決定人類生死、約二〇〇公克的維持生命裝置

✥腦死是何種狀態?

從生物體移植的問題，到最近經常被討論的腦死，人的死亡是以心跳停止來判定，還是以腦死來判定，不光在醫學上是個問題，在**倫理學**、**哲學**上也是個大問題。

腦死究竟是指何種狀態呢?腦中的間腦、中腦、腦橋、延髓等部分總稱爲腦幹。腦幹死亡就稱爲腦死。

腦幹負責人類的呼吸、心跳、調節體溫等工作，發揮讓人能夠活著的最低必要限度的作用。因此，如果腦幹死去，則大腦的死亡也只是時間上的問題而已。相反的，如果大腦死亡，而腦幹仍繼續發揮機能，那麼，這就是所謂的植物人。

✥人的體內生物時鐘週期為二十五小時

在人類每天的生活中調整睡眠與清醒的規律作用的，稱爲體內生物時鐘。白天清醒、晚上睡覺，以及速波睡眠與慢波睡眠的反覆出現，都是生物

Science memo **倫理學** 研究有關於道德本質及起源的學問。與邏輯學、美學並稱為哲學的三大部分。

腦幹

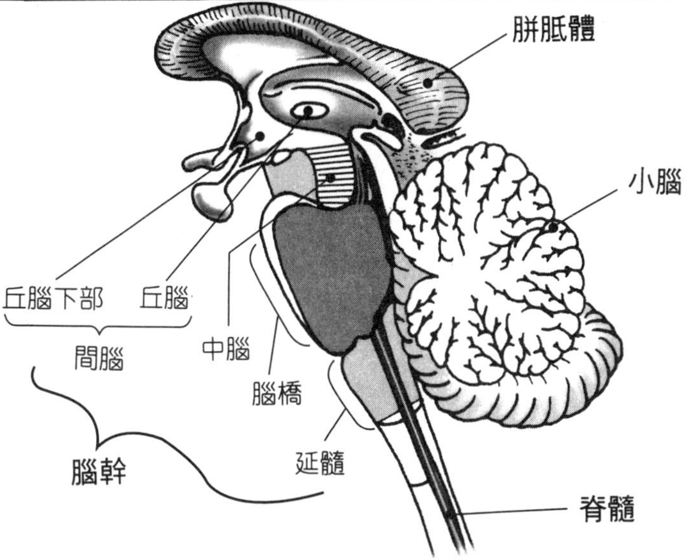

時鐘的作用。而加以控制的，則如上圖所示，就是腦幹的間腦中的丘腦下部。

為什麼這個生物時鐘設定為一天二十五小時呢？通常的生活，按照太陽的運轉，自動調節為一天二十四小時，但是，在持續沒有時鐘的地下室生活時，就會發現生活週期慢慢的產生差距。

經常熬夜，早上無法起床，這是理所當然的。但如果你向公司或學校說：「我的體內生物時鐘……」以此做為遲到的藉口，則恐怕沒有人會接受吧！

Science memo **哲學**　追求這個世間及人類最終的根本原理的學問。

9 神經——遍布五體的傳達網

♣最大秒速可以一二〇公尺傳達的網路

✿世界上有沒有「無神經」的人呢?

「那個人好神經質哦！」「那個人真是沒神經！」我們經常會聽到別人說這樣的話。

這時的「神經」，是指對於事物或人的心態能夠敏銳感覺到的意思。在接待重要的客戶時必須「使用神經」，或是別人指出令人擔心的事情時會覺得「神經快要崩潰了」，這時所說的「神經」就是這個意思。

當然，這時的神經和生物學上的神經是完全不同的。

遍布於人體內的神經，在活動身體時，對於得到視覺、聽覺、味覺、嗅覺、觸覺等知覺而言是不可或缺的東西。當然，每個人應該都有這些神經，即使在放鬆的時候，也會經常「使用」神經。

體內的神經，可分爲遍布於腦與脊髓等的中樞神經，以及分布在身體各處的末梢神經。兩者的最小單位都是神經元。

神經元是由樹突和神經纖維所構成，有的神經纖維的長度超過一二〇公

Science memo **秒速 120 公尺** 如果以「公里／小時」來換算，120 公尺×3600 秒÷1000，則為時速 432 公里。

遍布全身的神經網路

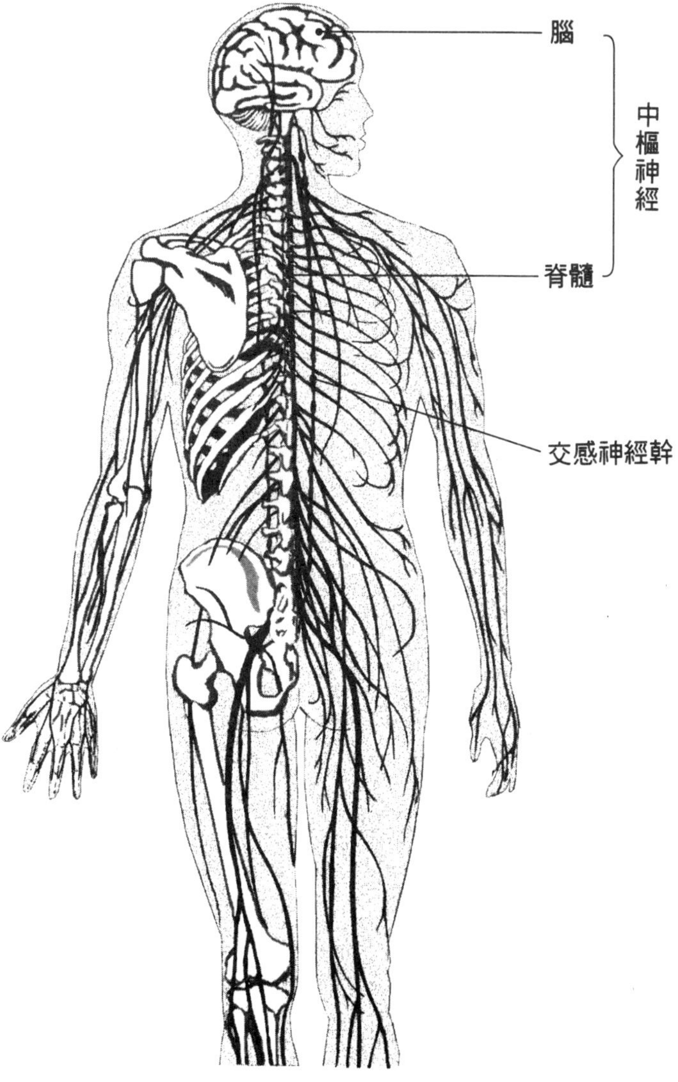

分。當電氣信號傳達到神經纖維時會產生感覺，而最快的傳達速度達到秒速一二〇公尺。

✿傳達痛或冷的訊息的離子

電氣信號以秒速一二〇公尺傳達到神經。這麼說，也許有的人還是不了解。人體內怎麼會有電流通過，會覺得很不可思議。到底電氣信號是如何發生的呢？又是如何傳達到神經的呢？

讓電氣信號發生的是**離子**的作用。

構成人體的最小單位是細胞。而細胞周圍聚集了很多帶電粒子的「離子」。在細胞外鈉離子較多，而在細胞內則鉀離子較多。

細胞膜有很多小的空洞，這些洞受到來自其他細胞的刺激，就會擴張或閉合。

如左圖所示，接受來自其他細胞的刺激之後，細胞膜的洞就會打開。這時帶有電荷的離子就會流入，於是產生了電流。

這一連串的流程，從末端神經流往中樞神經，然後就好像推骨牌效應似的，會不斷的出現。最後電流會到達腦，使人產生知覺。

因此，我們才會有「好燙啊」、「好囉嗦」等的感覺。

Science memo **離子**　帶有正或負電荷的原子或原子團。有帶正電荷的陽離子以及帶負電荷的陰離子等。

神經有電流通過的構造

①細胞外側以鈉離子，細胞
內側則以鉀離子較多。

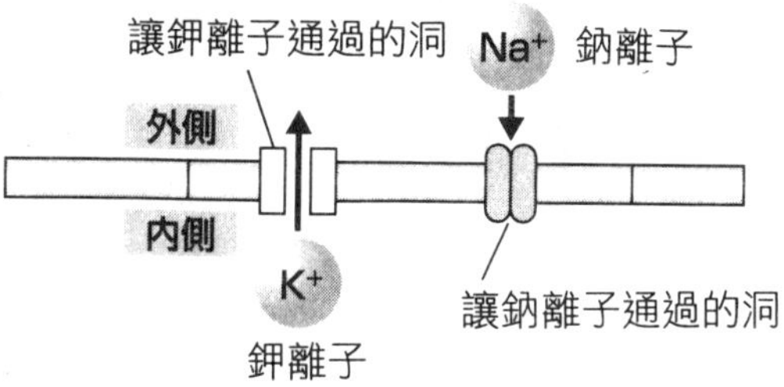

②藉著刺激使得洞擴大。

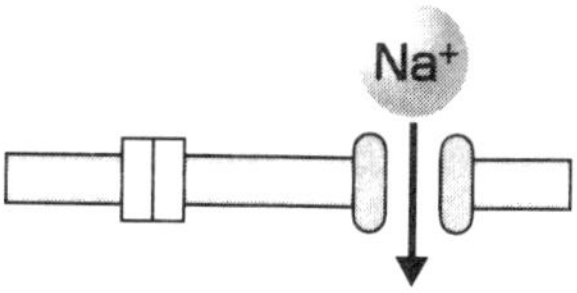

③產生電氣的流動。

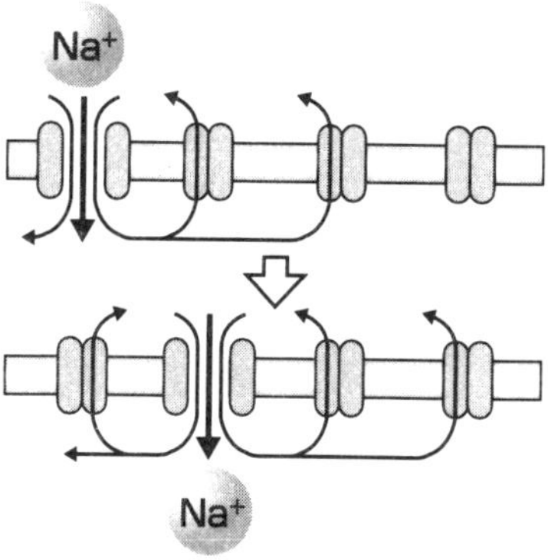

④出現連鎖性的電位移動，使訊息流通。

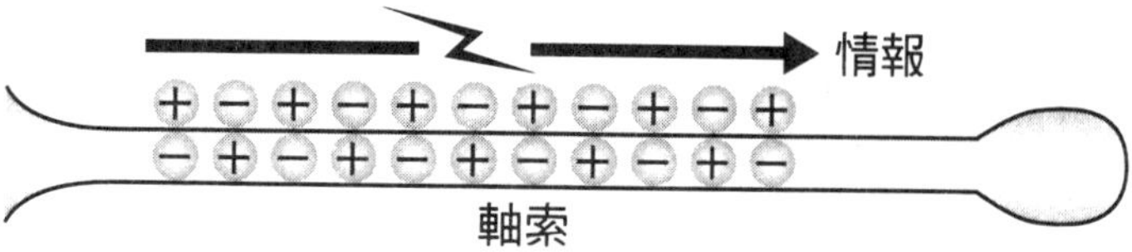

10 感覺神經—將外界刺激傳達到腦的神經構造

♣視覺、聽覺、味覺等五感全都透過感覺神經來運作

✿傳遞五感的感覺神經的作用

確認味道的味覺、聽到聲音的聽覺、分辨氣味的嗅覺、看見影像的視覺、感覺質感的觸覺，這五感是藉著舌、耳、鼻、眼睛、肌膚等配置於人體各處的感覺器官來感覺的。感覺器官將接受到的刺激轉換爲電氣信號，送達到腦。傳達的資料由腦來處理，然後再以影像或聲音的方式來捕捉刺激。

這時，負責從各感覺器官將電氣信號送達到腦的就是感覺神經。

✿為什麼頭部受到撞擊時會眼冒金星？

突然撞到頭部時會眼冒金星。當然，周圍的人看不到星星，而實際上也沒有什麼光。那麼，眼冒金星時出現的光又是什麼呢？

從外界感覺到刺激的，是感覺器官，而將其變成影像或聲音來感覺的，是腦。所以即使事實上沒有發生什麼，可是類似的資料傳達到腦時，腦就會產生錯覺，因此看到並不存在的東西，或是聽到並不存在的聲音。這就是光的真相。

在黑暗的房間裡閉上眼睛，用手指按壓眼瞼會感覺到光。這也是因爲按壓的刺激使腦誤以爲是光的緣故。

Science memo **五感**　繼五感之後的「第六感」，是指能夠看穿事物本質的心理功能。

撞到頭部時會眼冒金星的原因

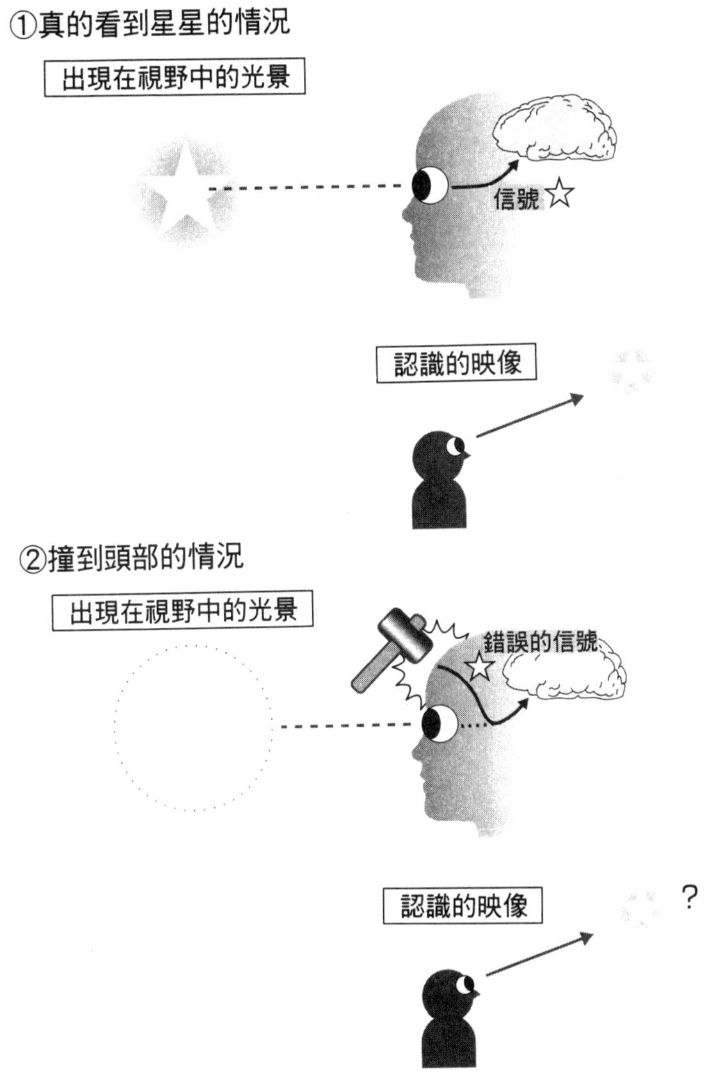
①真的看到星星的情況
出現在視野中的光景
信號
認識的映像
②撞到頭部的情況
出現在視野中的光景
錯誤的信號
認識的映像
?

11 運動神經——將腦的命令傳達到全身的神經構造

♣將感覺傳達到腦的是感覺神經，將腦的指令傳達出來的是運動神經

✿神經的傳達是單向通行的

來自感覺神經的資料傳達到腦之後，我們會配合資料產生反應。例如，眼前的人露出笑容、伸出手來時，我們也會準備好和他握手。而如果對方露出可怕的表情，想要毆打自己時，我們也會採取防衛或反擊的態度。

這時，首先是藉著眼、耳等五感得到刺激，透過感覺神經傳達到腦，判斷對方是「善意還是懷有敵意」。接著，接受資料的腦對全身下達「伸出手與對方握手」或「準備戰鬥」的命令。而這時傳達命令的神經與先前傳達資料到腦的神經完全不同，它是運動神經。也就是說，**感覺神經與運動神經兩者都會發揮機能，使人對於各種刺激展現各種行動。**

✿運動選手的運動神經比較特別嗎？

活動身體要使用運動神經，而我們平常也會使用運動神經這個字眼。例如，「那個人的運動神經很發達」，這是指運動萬能的人。相反的，「那個人的運動神經很遲鈍」、「那個人沒有運動神經」，就是指不擅長運動的人，但是，並不是真的因爲沒有運動神經而無法活動身體。任何人都有運動神經。

Science memo **感覺神經與運動神經**　如果眼前出現一隻會吃人的獅子，則沒有運動神經的人逃不掉，所以會被吃掉。而沒有感覺神經的人，根本不會想要脫逃，因此也會被吃掉。

感覺神經與運動神經

在**青年期**之前，每個人的運動神經都會慢慢的發達，然後衰退。運動神經的真相，就是到目前爲止一再出現的神經元。到青年期爲止，神經元粗大，信號傳達快速，因此青年比兒童的身體反應快速。但年紀大了之後，活動就會變得遲鈍了。

是不是擅長運動的人運動神經比較粗呢？運動神經會隨著成長或老化而變化，但實際上並沒有什麼個人差異，大家都一樣。

會運動或不會運動的差別在哪裡呢？問題就在於「感覺神經↓脊髓・大腦↓運動神經」的聯絡是否順暢。要使聯絡順暢，就要使脊髓和大腦的處理迅速進行。如果不順暢，則可以藉著反覆練習來加以克服。

Science memo **青年期** 從14、15歲開始到24、25歲為止的期間。這是性發育相當顯著的時期，也是自我意識發達的時期。

12 自律神經——與維持生命有關的神經構造

♣與自己的意志無關，會持續發揮作用的交感神經與副交感神經

✤你能使自己的心跳停止嗎？

任何人都會認爲自己的身體是由自己來控制的。的確，如果自己的身體被旁人任意的碰觸，我們將會無法忍受。但是，身體並不是真的能夠完全讓我們隨心所欲的個體。

例如心跳，**即使想要停止也無法停止**。或者是消化器官，就算覺得吃錯東西，也無法讓食物從胃中吐出來。

無法靠自己的意志控制的肌肉稱爲不隨意肌。控制不隨意肌的則是自律神經。自律神經有交感神經和副交感神經二種，前者由腦（腦幹）來調節，後者則由脊髓來調節。

交感神經與副交感神經的功能大多完全相反，藉此得以保持人類身體的平衡。例如，在黑暗時會讓瞳孔放大的是交感神經，相反的，在明亮時會讓瞳孔縮小的則是副交感神經的作用。

像唾液、心臟、呼吸、胃、肝臟、腎臟、大腸、小腸、生殖器官等，幾乎所有的器官都是藉著自律神經來控制。

Science memo **即使想要停止也無法停止**　大人的心跳次數 1 分鐘約為 60~70 次。一般而言，女性的跳動次數比男性多。

作用完全相反的交感神經與副交感神經

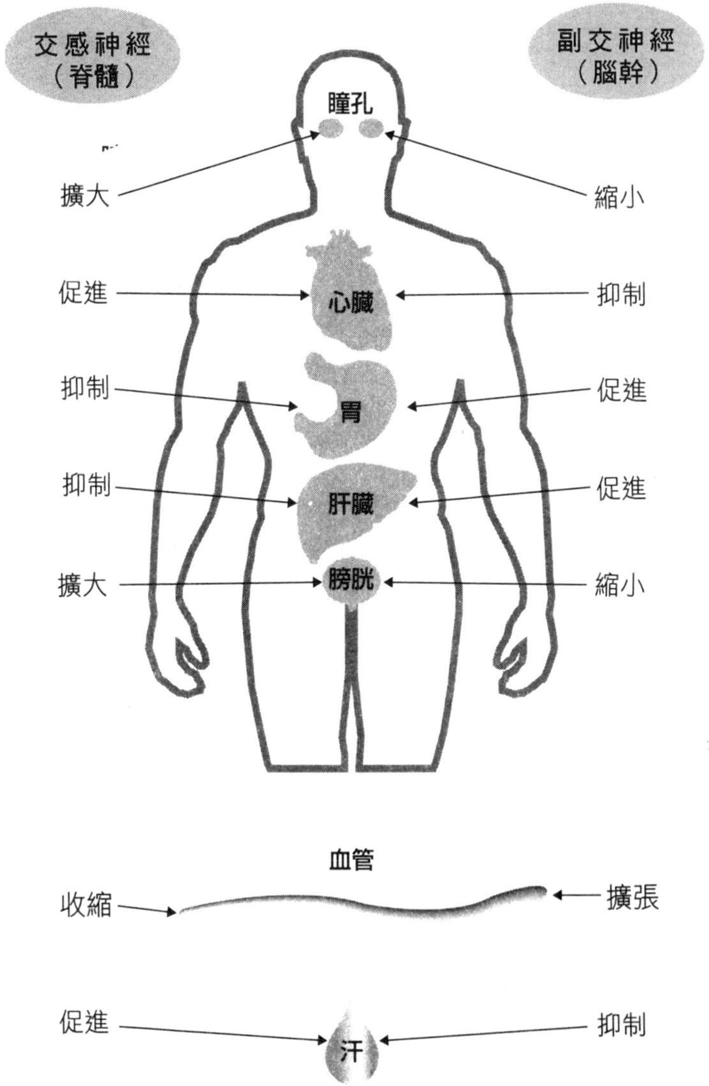

交感神經
（脊髓）
副交神經
（腦幹）
瞳孔
擴大
縮小
促進
心臟
抑制
抑制
胃
促進
抑制
肝臟
促進
擴大
膀胱
縮小
血管
收縮
擴張
促進
汗
抑制

13 脊髓——使腦和身體相連的神經纖維的管線

♣通常是資料通道，但有時可以獨自下判斷

✤除了腦以外也能夠判斷事物的器官脊髓

從腦伸向身體各部分的神經纖維聚集成巨大的長束，稱爲脊髓。就好像將資料傳達到腦的高速公路似的，但是，脊髓的功用不光是連絡腦和身體而已。

例如，碰到很燙的水壺時，立刻會把手縮回來。這並不是因爲腦感覺到熱而下達縮回手的命令。在腦得知熱的資訊之前，脊髓已經自行進行處理。這是一種反射動作。

被東西絆倒時，會立刻把手伸向前方，也是同樣的構造。也就是說，這些根本是在「不經意中」進行的。從左圖可以知道，來自全身的感覺資訊是先進入脊髓，然後才進入腦。如果脊髓可以迅速處理，就會立刻進行處理，保護自身免於危險。

✤為什麼看到醃鹹梅就會流口水?

人類爲了維持生存，脊髓會進行反射動作。學習幾次後所產生的反射動

Science memo **神經纖維**　從神經細胞延伸出來的長突，由皮膜包住。

普通反應與反射的不同

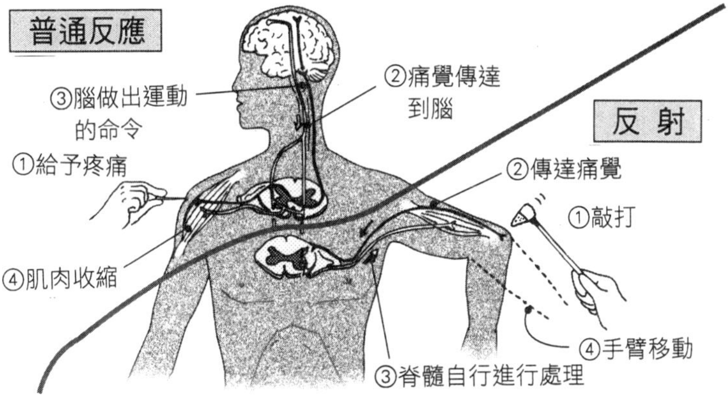
普通反應
③腦做出運動的命令
②痛覺傳達到腦
①給予疼痛
④肌肉收縮
反 射
②傳達痛覺
①敲打
④手臂移動
③脊髓自行進行處理

作，稱爲條件反射。

例如騎自行車時，前面突然有東西跑出來，爲了使車子停下來，會立刻做出緊握煞車的動作。

但是，在覺得危險時握手的行爲，並不是人體與生俱來的，而是反覆練習好幾次才學會的技術。

不僅如此。**碰到燙的東西時手指會摸耳垂**，或是看到醃鹹梅時會流口水，也都是條件反射的例子。這和脊髓處理的反射不同。條件反射刺激還是會到達腦，由腦下達命令。

但是，因爲經常反覆出現，腦已經形成能夠立即反應的迴路，所以不必經過思考判斷，就能夠直接產生動作。

Science memo **碰到燙的東西時手指會摸耳垂**

為什麼耳垂是冰冷的呢？請參照67頁。

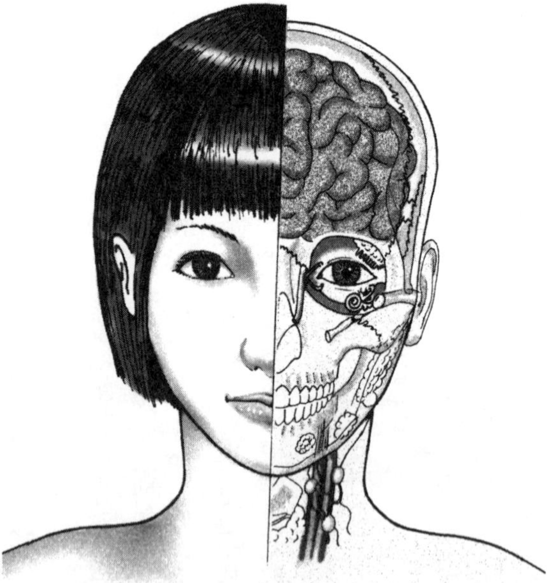

PART 2

「顏面」

重要的不僅只是外觀！人體的管制塔滿載高性能雷達？

☞ 為什麼美國人需要戴太陽眼鏡？

☞ 頭暈不是「眼睛」而是「耳朵」引起的嗎？

☞ 為什麼興奮時會流鼻血？

☞ 世間真的只有五味嗎？

☞ 蛀牙中到底棲息著什麼樣的蟲呢？

1 眼睛——構造精巧的人體照相機

♣相當於軟片作用的視網膜與相當於透鏡作用的晶狀體

✿為什麼能夠「看到東西」？

人從看到東西到完全認知爲止，小小的眼球中會微妙的進行光的調整。

進入眼睛的光，首先在角膜形成大的折射，然後通過瞳孔，在晶狀體將焦點聚合。這時爲了讓焦點能夠準確的對準在分布於眼睛內側的視網膜上，因此，晶狀體必須調整厚度，藉此掌握遠近感。

調整過角度的光，透過玻璃體到達視網膜。視網膜捕捉到物體，通過視神經由大腦認知。這就是看到東西的整個過程。

兩隻眼睛都有如此精妙的作用，但是，爲什麼不能只是一隻眼睛呢？如果用手遮住一隻眼睛，就會知道只以一隻眼睛看到的景色，左右有微妙的差異。遮住一邊時，無法掌握遠近感，看不到東西的眼睛的這邊會形成死角，甚至無法走路。

由視網膜接收到資料，再由視神經交叉的傳達到大腦的視覺中樞。映在左側的像會傳達到右腦的視覺區，映入右側的像則會傳達到左腦的視覺區。左右眼睛捕捉到的映像在大腦重合，才能夠清楚的掌握立體感與遠近感。

Science memo **瞳孔**　包圍眼球虹膜的圓形孔，具有讓來自外部的光通過的窗口功能。

人的眼睛與照相機的構造相同

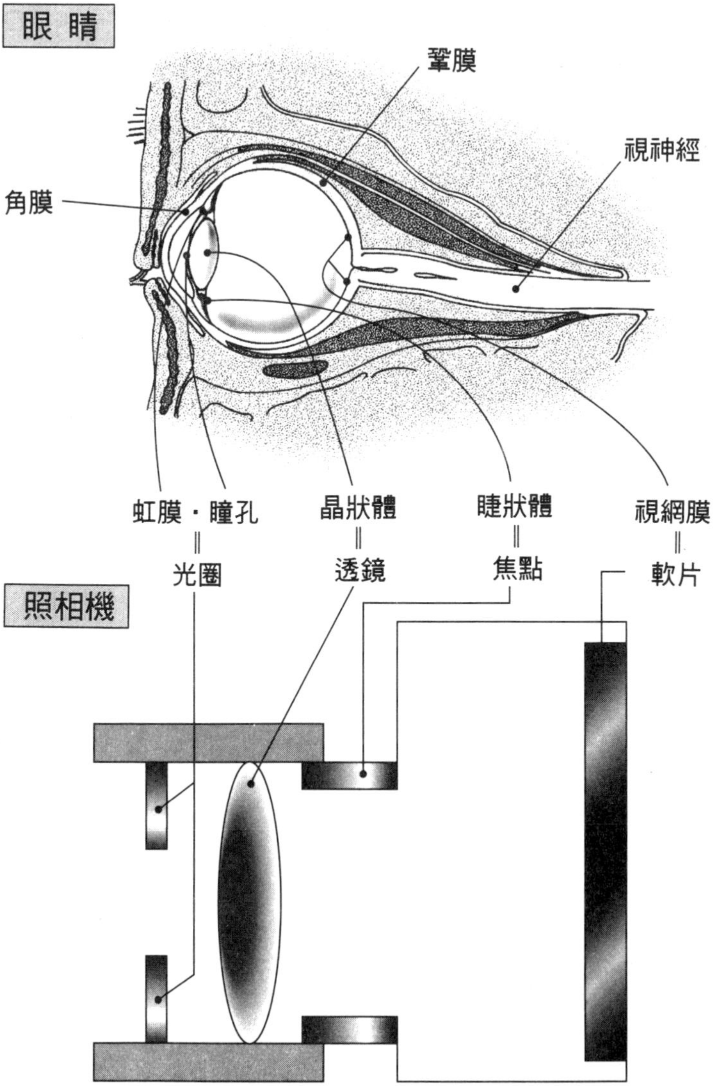

✤瞳孔的顏色是由什麼決定的？

藍色、茶色、黑色、灰色等，依人種的不同，瞳孔的顏色也有所不同。瞳孔的顏色到底是由什麼決定的呢？

在眼球正中央有小而黑的瞳孔，其周圍有虹膜。稱爲眼睛顏色的部分就是虹膜的部分。虹膜會改變瞳孔的大小，調節進入眼睛的光量。在光線強的地方，虹膜內側的**括約肌**收縮，瞳孔縮小，而在光線弱的地方，虹膜外側的**散大肌**收縮，瞳孔放大。

虹膜中有與皮膚顏色有關的黑色素，由黑色素的量來改變瞳孔的顏色。色素愈多，瞳孔的顏色就愈接近黑色的深色，色素少則會變成淡色。藍色或灰色的眼眸具有透明感，讓人覺得很有魅力，但是，黑色素具有遮蔽紫外線的作用，色素愈少，瞳孔就愈無法抵擋太陽光線。很多歐美人會戴太陽眼鏡的理由就在於此。

美麗瞳孔的背後也有不爲人知的一面。

✤為什麼哭泣會使眼睛腫脹？

在悲傷或遇到痛苦的事情時，會自然的淚如雨下。因爲不想被別人發現自己在哭，所以躲在房間裡或陰暗的角落悄悄拭淚。但是，這些顧慮都無濟於事，因爲最後別人還是會看到一雙紅腫的眼瞼。這是只有在哭泣時才會出

> *Science memo* **括約肌**　位於虹膜的環狀肌肉。在光線耀眼之處，括約肌會收縮，使得進入瞳孔的光量減少。

眼睛溢出淚水的構造

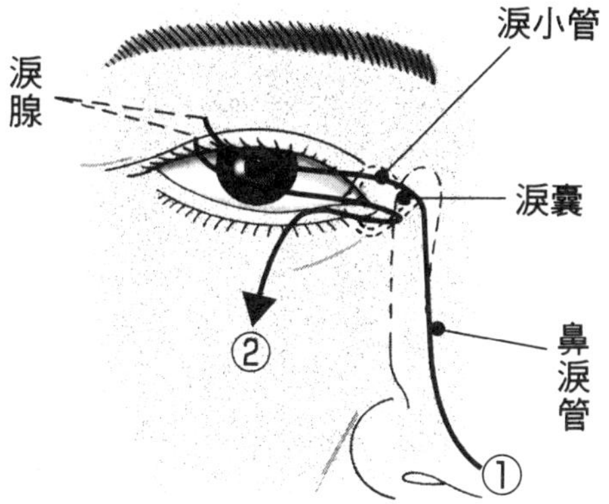

淚水通常是循①的路線流下來。在悲傷或喜悅時，淚腺產生的淚量增加，淚囊中充滿淚水，淚水溢出，於是會沿著臉頰從眼睛滴下來。

現的現象，因此，很多人認爲與眼淚有關，但是事實上，完全無關。那麼，爲什麼眼瞼會腫脹呢？

請各位想想自己哭泣的時候，爲了阻止不斷湧出的淚水，於是會用手帕或袖口按住眼瞼或不斷的摩擦眼瞼，而這就是使得眼瞼腫脹的原因。毛細血管經常會滲出組織液，通常會回到血管內或被吸收到淋巴管中。

但是，如果刺激傳達到毛細血管，血管就會比平常滲出更多的組織液，因而造成腫脹。眼瞼的皮膚非常薄，血管很容易受到刺激，使得腫脹也變得特別明顯。

如此看來，不要按壓眼瞼而讓別人看到流下的眼淚比較好，還是壓抑淚水讓眼睛腫脹比較好呢？

Science memo **散大肌** 位於虹膜的放射狀肌肉。在光線較少的暗處，散大肌會收縮，使得進入瞳孔的光量增多。

2 耳朵① 是識別聲音的音聲感應器——聽覺

♣不論聲音大小，音量都會自動調整到某個程度

✤為什麼「聽得見」？

在空氣振動之下，聲音傳到耳內的器官，再傳送到腦，爲大腦所得知。這就是「聽得見」的原理。

首先，由耳廓收集的聲音傳達到外耳道，再傳送到鼓膜。這個振動由連接稱爲耳小骨的三塊骨中的砧骨與錘骨的韌帶及肌肉所接受，將較大的聲音變小、較小的聲音變大，然後傳達到蹬骨。其次，振動會刺激好像蝸牛殼一般的耳蝸感覺細胞，在耳蝸入口附近的細胞會對較高的聲音、在深處的細胞會對較低的聲音產生反應。

感覺細胞所捕捉的聲音，透過內耳神經傳達到大腦的聽覺區，就可以判斷到底是什麼聲音。

✤多少分貝會振破鼓膜？

表示音量大小的單位是**分貝**（ｐｈｏｎ）。人能夠感知到的聲音有限，最小的音量是十五分貝。在一公尺的距離下耳語時，能夠傳達到對方耳朵的

Science memo **分貝** 用噪音計來記錄噪音程度的單位。人類所能感覺到的聲音的大小，因周波數的不同而有不同。

音傳達的順序

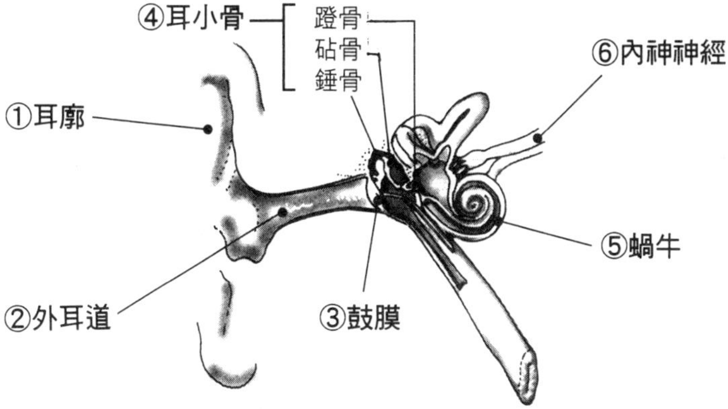

④耳小骨
蹬骨
砧骨
錘骨
⑥內神神經
①耳廓
⑤蝸牛
②外耳道
③鼓膜

音量是二十分貝。一般交談的音量爲六十分貝。

白天繁華街道上的噪音爲八十分貝，高架橋下方爲一百分貝。到了一百分貝以上時，就不再是聲音，而是疼痛的感覺。超過一五〇分貝時，**鼓膜**會振破。

✤碰到燙的東西時，為什麼手會去摸耳垂？

很多人在碰到燙的東西時，會用手指去摸耳垂。這是因爲耳垂的溫度比其他部分更低的緣故。

人類的體溫來自於心臟、肝臟、骨骼，隨著血液循環到全身，然後再從手指、鼻子、耳垂等前端部分將熱放出，維持一定的體溫。因此，身體前端的部分比其他部分的溫度更低。

Science memo **鼓膜** 鼓膜的直徑長約 9 毫米、半徑約 8 毫米，面積約 60 平方毫米，厚度約 0.1 毫米。

人類的身體通常保持在三十六℃左右，而在夏天暑熱的時候，前端部分也只有二十九℃的溫度。

✤為什麼錄下自己的聲音後聽起來好像是別人的聲音？

把自己的聲音錄在錄音帶裡聽聽看。如果很多人的聲音錄在一起，恐怕根本聽不出來哪一個聲音才是自己的聲音。爲什麼會出現這種現象呢？

人說話的聲音，會成爲一種空氣的振動而傳達到鼓膜，經由耳蝸器官傳送到大腦，然後認知這是什麼聲音。但是，自己的聲音傳達到腦的途徑，與聽到外部的聲音的途徑稍有不同。傳達途徑有兩種，一種與聽到外部的聲音的情況一樣，也就是成爲一種空氣的振動，由外部傳達到自己的耳中。另外一種是**聲帶**振動使得自己的骨骼或肌肉振動，傳達到耳蝸的感覺細胞，刺激大腦。透過這兩種途徑，聲音混合傳達到大腦，因此，使得自己聽到的自己的聲音和別人聽到的有點不同。

聽錄在錄音帶裡的自己的聲音時，因爲是藉由空氣的振動從外部傳達的聲音，因此和平常聽到的不一樣。然而這才是別人所聽到的自己的聲音。

✤亞洲人與歐美人的耳垢的不同

聚集在耳廓的聲音，經由**外耳道**這個細小的隧道到達鼓膜。而有耳垢積存的就是外耳道的部分。

Science memo **聲帶**　伸縮空氣通道，藉著由肺吐出的空氣所產生的振動製造出聲音的發聲裝置。

為什麼錄在錄音帶裡的自己的聲音會改變呢？

平常聽到的自己的聲音

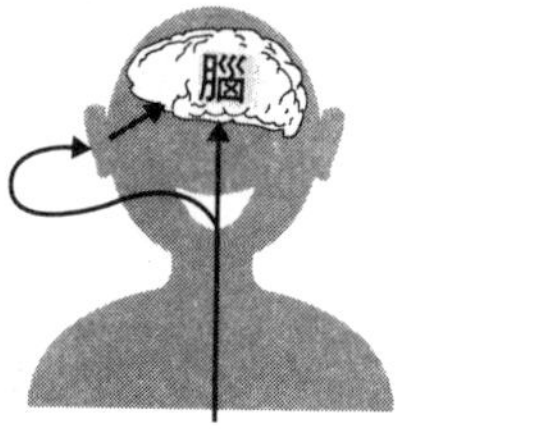

自己的聲音是藉著由從耳朵進入的空氣的振動以及由聲帶傳達的骨骼與肌肉的振動才能感覺到。

錄在錄音帶裡的自己的聲音

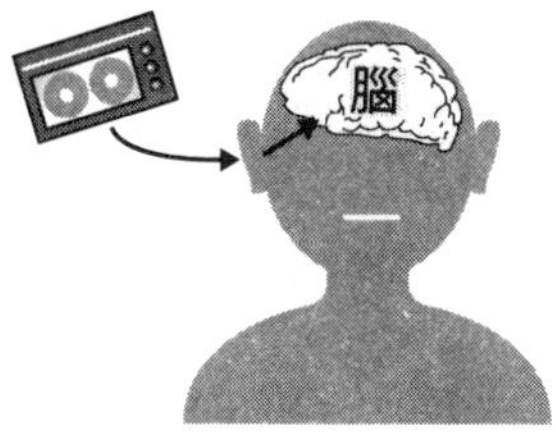

只藉著空氣的振動來感受自己的聲音。
→是他人所聽到的自己的聲音。

在外耳道有稱爲皮脂腺與耳垢腺的腺體。皮脂腺會分泌防止耳內乾燥的脂肪，耳垢腺則會分泌包住來自外部灰塵的黏液。耳垢就是這些分泌物吸附灰塵所造成的。

耳垢的硬度因人而異，各有不同。像日本人、中國人或韓國人等蒙古系民族，大多是乾燥的粉狀，這是因爲耳垢腺的分泌液較少。而歐美人則大多是茶色、黏黏的耳垢。一般而言，耳垢的特徵是由遺傳來決定的。

有耳垢積存時，清掃耳垢是最好的方法。如果積存過度，會阻塞外耳道，影響聽力。

此外，外耳道會有一些起伏。插入掏耳器清耳垢時，最好僅止於入口到坡上的部分。過於深入會損傷鼓膜，一定要小心。

Science memo **外耳道** 讓耳廓所收集的聲音能夠進入到中耳為止的細小通道。

3 耳朵②——控制平衡感覺的耳朵

♣感覺淋巴液流動，取得平衡

✿頭暈是耳朵所引起的

頭暈也稱為「目眩」。

突然站起來的瞬間會覺得頭暈、視野模糊。很多人認為頭暈是眼睛造成的，但實際上負責保持人類平衡感覺的不是眼睛，而是耳朵。

控制身體平衡的是形成三圈的半規管，以及與耳蝸交界處的耳石器官。其內部充滿著淋巴液，配合身體的活動而搖動的淋巴液的情況，由內部的**有毛細胞**來感覺，藉此感受到身體的動作。半規管只有在身體加速時會發揮作用，能夠感覺到頭部的旋轉、了解動作。半規管當中有稱為壺腹稜的突起部分，這裡的感覺毛能夠感覺到淋巴液的流動。

另一方面，耳石器官則是能夠感覺到身體傾斜與直線動作的器官。耳石器官呈袋狀，裡面塞滿了有毛細胞的感覺毛。

袋的表面由含有**碳酸鈣**所形成的耳石的細小石頭黏膜所覆蓋。耳石會朝向身體傾斜的方向傾斜，這個傾斜會成為刺激傳達到有毛細胞。人經常在移

Science memo **有毛細胞**　位於耳蝸基底膜的感覺細胞。依聲音的高度不同，反應的部位也不同。

成為平衡器官的耳朵

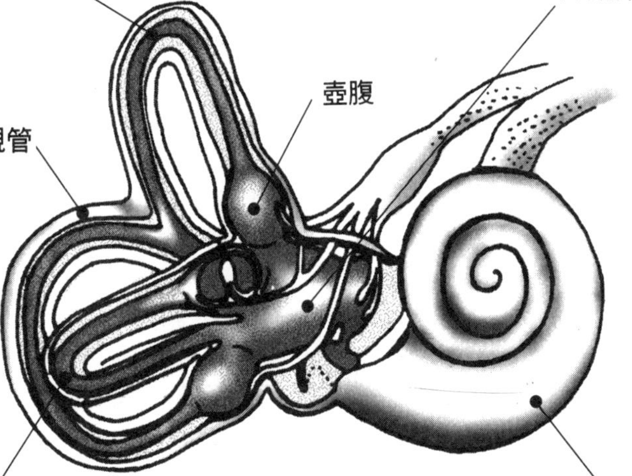

動，因此耳石器官也不斷的移動。

半規管和耳石器官所接收到的這些刺激，由大腦的體性知覺區所接受，藉著這些資料來保持身體的平衡。

坐了遊樂場的旋轉咖啡杯之後，感覺頭暈一會兒。這就好像手伸進裝著水的水桶中不斷的攪拌，當手拿開時，水還會出現短暫的漩渦現象一樣。體內的淋巴液也會出現同樣的現象。

Science memo **碳酸鈣** 分子式為 $CaCO_3$。為大理石及貝殼的主要成分。不溶於純水中，但卻能夠溶於含有碳酸的水中。

4 鼻①—分辨氣味的嗅覺與器官

♣不僅捕捉氣味，甚至也能夠清淨進入體內的空氣

✤鼻子能夠聞到氣味的構造

提到鼻子的作用，大家想到的就是它會聞**氣味**。聞到美味的香氣，可以刺激食慾，聞到清爽的香氣，能夠放鬆精神，聞到毒氣時，就會知道對身體具有危險性。嗅覺就是這麼重要的器官。

我們來看看鼻子聞到氣味的構造。

在小的鼻孔深處有稱爲鼻腔的廣大空間，而在其頂部有嗅部（嗅裂）。此處的嗅球能夠聞到浮游於空氣中的氣味的**分子**。這個資訊被傳達到嗅覺神經，刺激大腦皮質的嗅覺中樞，藉此我們可以聞出是什麼氣味。

✤為什麼漸漸的氣味就聞不到了?

即使是瞬間感覺到「好臭啊」的強烈氣味，但是，經過一段時間之後就會遺忘了它的存在。

例如，別人的臭屁經過一會兒之後就聞不到了。爲什麼很快的就聞不到氣味了呢?答案就在於物理的氣味密度問題以及嗅覺的麻痺。

Science memo　**氣味**　基本上，氣味包括麝香、樟腦、芳香、薄荷、乙醚、刺激臭、腐敗臭等，嗅覺細胞會分辨各種氣味。

感覺氣味的構造

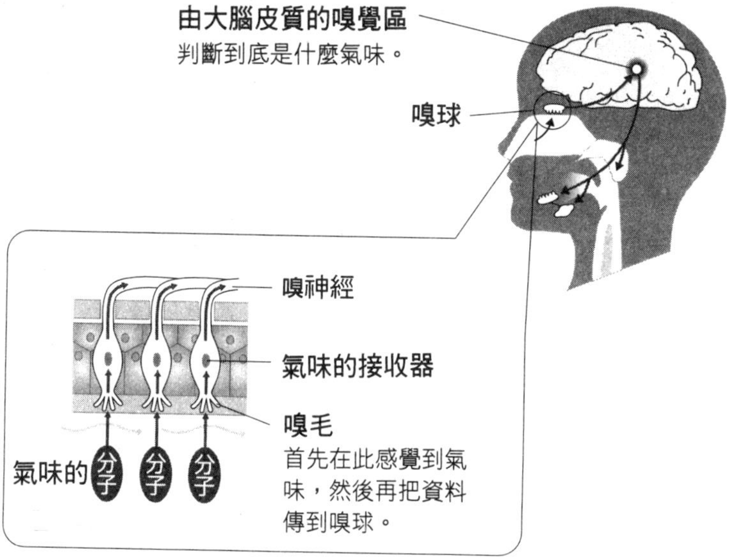
由大腦皮質的嗅覺區
判斷到底是什麼氣味。
嗅球
嗅神經
氣味的接收器
嗅毛
首先在此感覺到氣味，然後再把資料傳到嗅球。
氣味的
分子
分子
分子

感覺到氣味，在判斷到底是什麼氣味之前，是由鼻腔內的嗅覺接收細胞接受浮游於空氣中的氣味分子，將此刺激傳達到位於大腦皮質的嗅覺區。

聞到臭屁時會覺得「好臭」，是因爲體內放出臭氣時氣味分子密集，所以才會聞到臭氣。這個氣味分子慢慢的會在空氣中擴散，因此氣味也隨之變淡。

在不知不覺中放屁，如果能夠讓屁和周圍的空氣充分混合，則周圍的人就聞不到氣味了。

Science memo **分子** 多個原子的結合體。物質能夠保持其性質而存在的最小單位。包括從一個原子所構成的單原子分子到由成千上萬個原子所構成的高分子，大小各有不同。

另外一個理由是習慣。其他的感覺器官也是如此。對於最初的刺激會產生敏感的反應，傳達到腦的震撼力也很強，但是如果持續接受相同的刺激，則感覺器官就漸漸的不會產生反應，到達腦的刺激程度也會縮小。到別人家造訪時，會感覺到別人家裡獨特的氣味，但經過一段時間之後就不在意了。此外，有很多人都不知道自己的體臭。有**狐臭**的人會散發出強烈的體臭，但是別說是本人，甚至連其家人都沒有察覺到。這是因爲經常在這個臭味的圍繞下生活，感覺器官和腦已經不再產生反應所致。

✜為什麼會打噴嚏?

呼吸是藉著肺的擴張與縮小所產生的，無法靠自己的力量活動，而是藉著圍繞著肺的肌肉的動作而發揮機能。這個肌肉就是橫膈膜和呼吸肌。打噴嚏的原因就在於呼吸肌。

進入鼻中的灰塵等有害物質，首先由鼻黏膜吸附。鼻黏膜受到刺激時，會透過三叉神經傳達到呼吸肌。

附著於鼻黏膜的有害物愈多時，傳達到呼吸肌的刺激也愈多，肌肉會持續緊張。到了無法忍受的狀態時，肌肉就會放鬆，以去除成爲緊張原因的有害物。這時就會打噴嚏。

打噴嚏是藉著暫時吐出空氣，將灰塵釋放到體外的作用。

Science memo **狐臭**　頂泌腺的分泌物(參照149頁)，由細菌分解為醋酸等，故形成比平常氣味更強烈的體臭。

打噴嚏與咳嗽的雙重防護牆

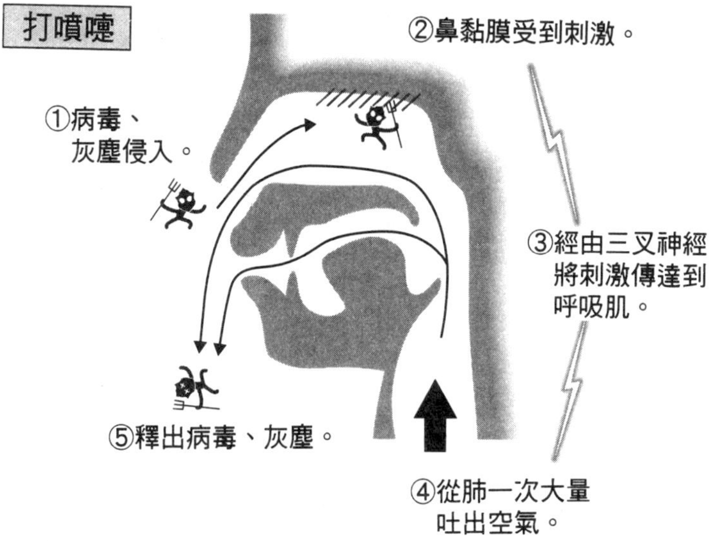
打噴嚏
②鼻黏膜受到刺激。
①病毒、
灰塵侵入。
③經由三叉神經
將刺激傳達到
呼吸肌。
⑤釋出病毒、灰塵。
④從肺一次大量
吐出空氣。

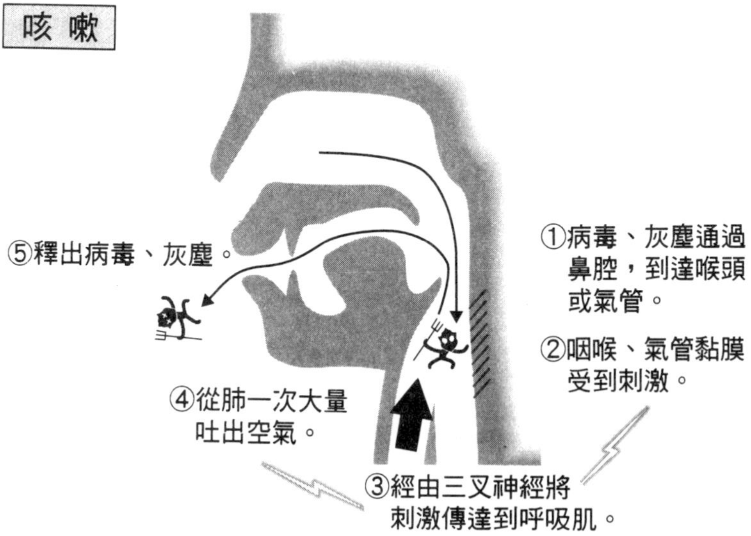
咳 嗽
⑤釋出病毒、灰塵。
①病毒、灰塵通過
鼻腔，到達喉頭
或氣管。
②咽喉、氣管黏膜
受到刺激。
④從肺一次大量
吐出空氣。
③經由三叉神經將
刺激傳達到呼吸肌。

5 鼻②—堪稱人體空調器的鼻子

♣由鼻子吸入的空氣經過溫度調整後送入肺

✤由鼻子吸入的空氣的溫度決定了一切

鼻子的作用不僅是識別氣味而已。由鼻子吸入體內的空氣，在鼻子將其調節到最適合的溫度。

鼻腔內縱分爲三段。最上面是上鼻甲，中間是中鼻甲，底部是下鼻甲。由鼻孔進入的空氣，主要會通過在中鼻甲和下鼻甲之間的中鼻道，在此去除六十～七十％浮游的灰塵。同時，藉著血管和黏膜將溫度調整爲二十五～二十七℃、濕度三十五～八十％。經過這個過程之後，才將空氣送入肺。鼻子可以說是人體的空調器。

✤為什麼吃巧克力會流鼻血？

鼻子具有調節進入體內的空氣溫度的作用。這時，將外部的冷空氣加熱到適溫的作用，乃是由**毛細血管**來進行的。鼻腔內遍布毛細血管，其中在丘塞爾巴哈部這個部分有動脈的毛細血管密集。

鼻腔內的黏膜比其他部位的黏膜更薄，因此，用力擤鼻子或挖鼻孔等衝

Science memo **毛細血管**　分布在全身各處動脈的微細血管。管壁很薄，動脈血通過這個管壁時，可以進行氧和營養的交替。

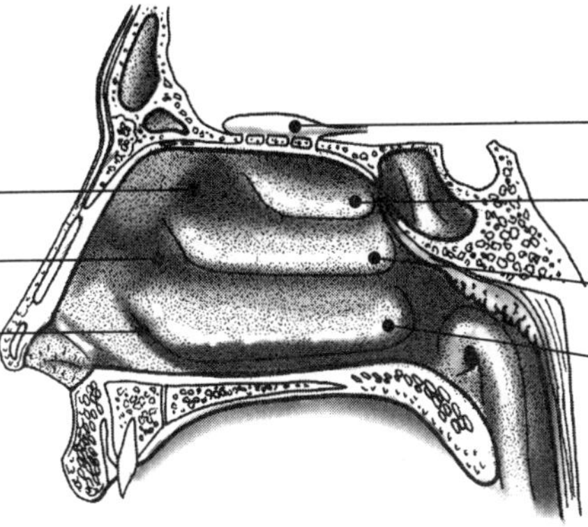

擊，會使毛細血管破裂而出血。

巧克力和堅果含有很多的脂肪，脂肪具有使血液流通順暢的性質。一旦大量攝取這類東西，血液就會大量的流出，血壓也會上升。這時丘塞爾巴哈部的血管就會斷裂而流鼻血。

此外，長時間泡澡而使得血管擴張時，也容易流鼻血。女性在沒有受到什麼刺激的情況下，即使在生理期及其前後也容易流鼻血。

流鼻血時，要用清潔的脫脂棉花或紗布塞在鼻孔中。這時因爲棉花吸入血液而膨脹，壓迫血液，因此五分鐘內就不再流鼻血了。如果不用東西塞住鼻孔，那麼冰敷鼻根部位也有效。

Science memo **流鼻血時** 使用浸泡過鹽水的紗布塞住鼻孔，非常有效。在美國則有使用鹽醃漬過的豬肉、培根或火腿塞鼻孔的習慣，不過……？

6 口—將營養素送入體內的入口

♣能夠感覺食物味道的舌頭及分解澱粉的唾液十分活躍

✿世間真的只有五味嗎?

我們在餐桌上吃盡各種料理，但是，可以感覺到的味道，實際上只有五種，也就是苦味、酸味、鹹味、甜味、甘味。以前認爲只有除了甘味之外的四種味覺。不過一九〇八年，日本首先發現甘味這種味覺。後來隨著東方料理的普及，目前世人都認同這種說法。

不過像辣椒的「辣」，**味蕾**無法感覺到，只是在舌頭的痛點引起刺激而感覺到「疼痛」，因此不包括在味覺中。

✿何處能夠感覺到味道?

五種味覺是藉著味蕾感覺到的，這刺激被傳達到大腦而認識味道。散布在舌表面的顆粒就是味蕾。以往認爲可以區分爲分別感覺五種味道的不同部分，但是，現在認爲全部的味蕾都可以感覺到五種味道。

味蕾的分布並不均勻，有的部分比較集中，有的部分比較少，較可以強烈感覺到哪種味道的部分並不相同，而且也有個人差異。

Science memo **味蕾**　形狀如同花蕾。舌上大約分布了1萬個味蕾。

味道傳達出來的順序

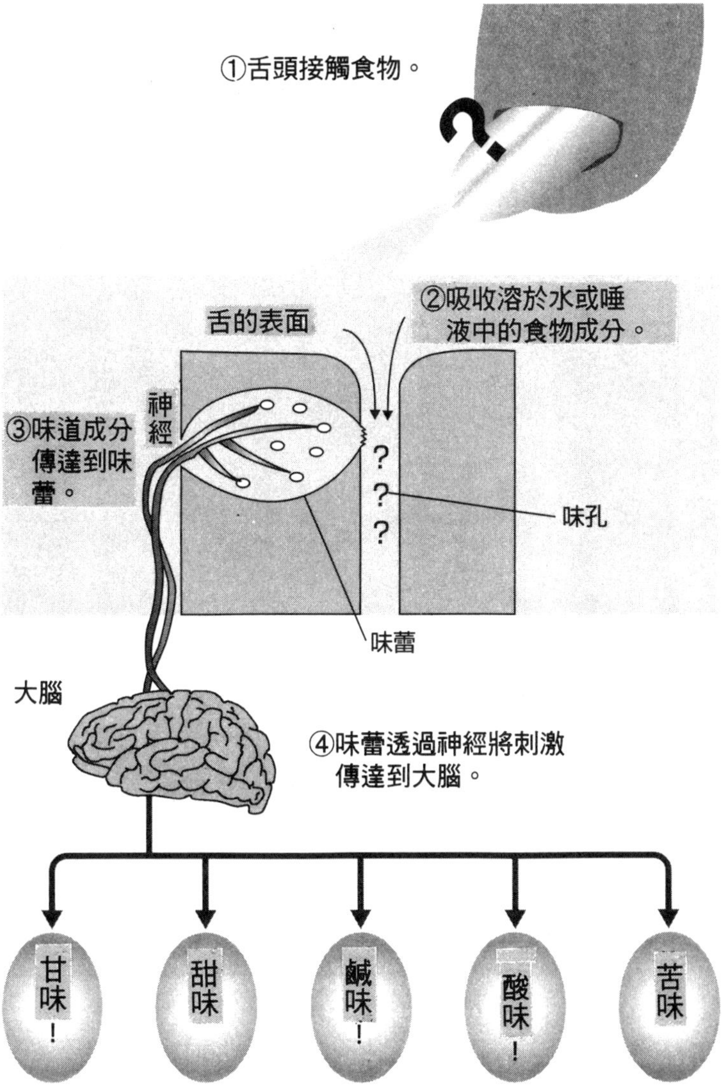
①舌頭接觸食物。
②吸收溶於水或唾
液中的食物成分。
舌的表面
神
經
③味道成分
傳達到味
蕾。
味孔
味蕾
大腦
④味蕾透過神經將刺激
傳達到大腦。
甘味！
甜味
鹹味！
酸味！
苦味

此外，因食物溫度的不同，感覺味道的方式也不同。能夠敏銳感覺到甜味、苦味、酸味的食物溫度是三十七℃，太冷或太熱時，味蕾就會麻痺，吃不出味道來。此外，如果是鹹味的話，則在○℃的低溫下感覺最爲強烈。

✿擦傷時塗抹唾液的理由

食物進入口中時，口內就會分泌唾液。肚子飢餓時，光是看到食物，口中就會積存唾液。

唾液是非常黏的黏液與非常清爽的分泌液混合而成的。唾液腺每天會分泌一至一・五公升的唾液。口中有數條唾液腺，其中特別大的有三條，分別爲是腮腺、舌下腺、頷下腺。

唾液中含有各種的消化酵素，其中之一是**澱粉酶，可以幫助澱粉的消化**。此外，**過氧化物**具有抗菌效果，可以保持口中清潔，有助於防止蛀牙。在擦傷時塗抹唾液，就是利用這些酵素作用的生活智慧。

✿消除打鼾的方法

即使是再親密的伴侶，有時候也會因爲對方鼾聲大作而不想和他一起出外旅行。爲什麼會發出這麼大的噪音呢？

在口中的小舌頭其正式的名稱爲懸雍垂。它在我們清醒時具有張力，但是在睡覺時，由於放鬆肌肉緊張，而會朝向喉嚨深處掉落。老人懸雍垂的肌

Science memo **澱粉酶可以幫助澱粉消化** 澱粉酶一旦進入胃中，胃酸即會中止其功能。因此，與其說可以幫助消化，不如說感覺甘甜味，增加食慾的作用更大。

唾液形成的構造

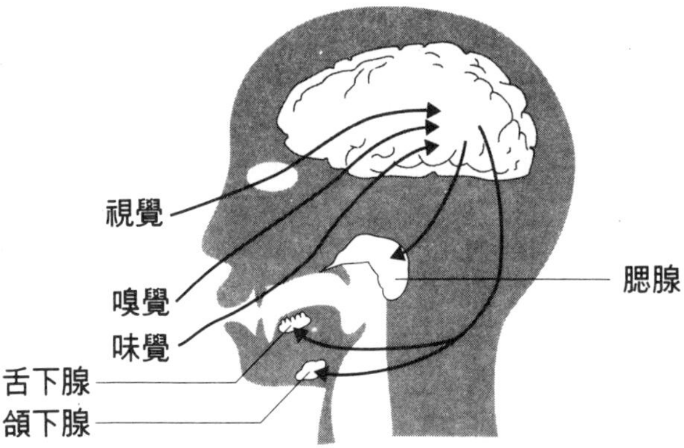

肉本身就很衰弱，較容易發生這種情形。這時，空氣通過的路徑狹窄，每次呼吸都很容易引起振動，因此會出現打鼾的現象。胖的人以及懸雍垂較大的人，容易打鼾的理由就在於此。

此外，張開嘴巴睡覺時，由於空氣的通路狹窄，大量空氣由口中出入，因此也會鼾聲大作。

使用低的枕頭，側躺可以防止打鼾。如此一來，空氣的通道就能夠保持通暢，傳達到懸雍垂的振動也會減少。相反的，如果仰躺睡覺或使用較高的枕頭，則懸雍垂會朝向喉嚨深處下墜，因此容易打鼾。

因爲害怕自己的鼾聲吵醒別人時，可以試試這個方法。

Science memo **過氧化物** 與過氧化氫的分解有關的酵素。分布於許多植物中。

7 咽喉——為人麼人能夠發出聲音？

♣不僅男性會變聲，女性也會變聲

從兒童變成大人的青春期，男性的聲音會從如兒童般高亢的聲音變成像男人般低沈的聲音。

聲音是吐出的氣息使聲帶振動，經由振動發出的音通過鼻腔、咽喉和口腔，藉著回響而產生的。聲帶愈短，聲音愈高，聲帶愈長，聲音就愈低。

✿變聲的構造

在變聲期，隨著身體的成長，喉嚨內側的甲狀軟骨朝前後延伸，形成一般稱爲「**喉結**」的隆起部分。這時，附著於軟骨的聲帶因爲被拉扯而變長，於是會發出比較低沈的聲音，甚至有的人會低一個音階以上。但是，聲帶的發育期比軟骨更晚一點，在變聲期並未完全成長，因此，無法順暢的振動，可能會無法發出聲音或只能發出嘶啞的聲音。

青春期的男性討厭上音樂課，這也是原因之一。勉強發出聲音，可能一生都會是個破囉嗓子，所以絕對不要勉強。

女性也會變聲，可是甲狀軟骨並不是往前後延伸，而是朝上下成長，所以聲帶長度仍舊維持較短的狀態，聲質只會低一至二音而已。

Science memo **喉結**　西方稱其為「亞當的蘋果」。亞當是聖經中夏娃的丈夫，是神所創造的第一個男性。

變聲的構造

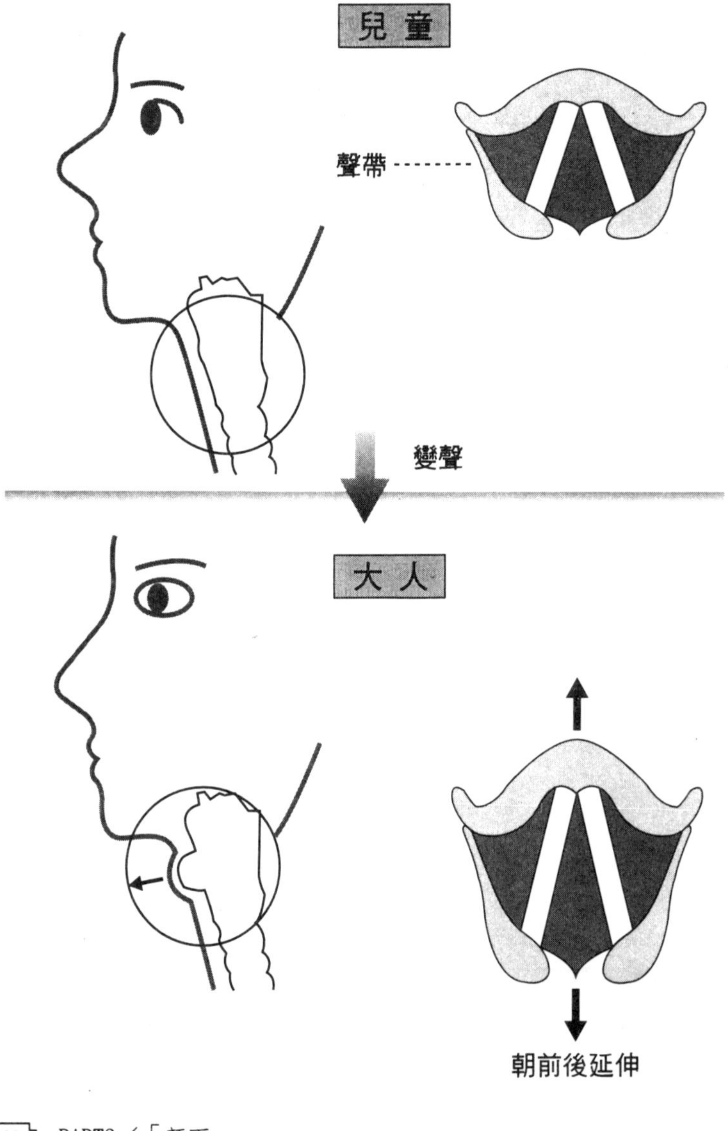

8 牙齒—咬碎食物，為人體中最硬的部分

♣牙齒的顏色與皮膚一樣，因人種的不同而有不同

✿牙齒白真的就沒問題嗎？

有一則電視廣告的台詞是「對演藝人員而言，牙齒是生命」。正如廣告中所訴說的明眸「皓齒」，也就是白色的牙齒以前是美女的條件之一。

牙齒表面由**牙釉質**（琺瑯質）保護，是身體中最硬、堪與水晶相匹敵的部分。一般所說的「白皙」的琺瑯質部分，事實上和膚色一樣，會因人種的不同而有不同。像國人的牙齒就比較黃。

雖然我們覺得白皙的牙齒看起來比較美，但是對國人而言，太白的牙齒是營養不良，爲比較衰弱的牙齒。

爲了使牙齒白皙而用力刷牙，然而刷牙過度會使琺瑯質剝落，導致知覺過敏或容易形成蛀牙，所以不必過於用力的刷牙。歐美人的牙齒和膚色一樣的白，這是天生的白，不是牙齒衰弱。

✿棲息在蛀牙中的蟲的真相

蛀牙中的蟲，是指棲息在食物殘渣中的細菌。細菌當中尤其做惡多端的

Science memo **琺瑯質**　覆蓋於牙齒外側硬的表皮性物質。具有保護牙齒內部的作用。

牙齒的構造

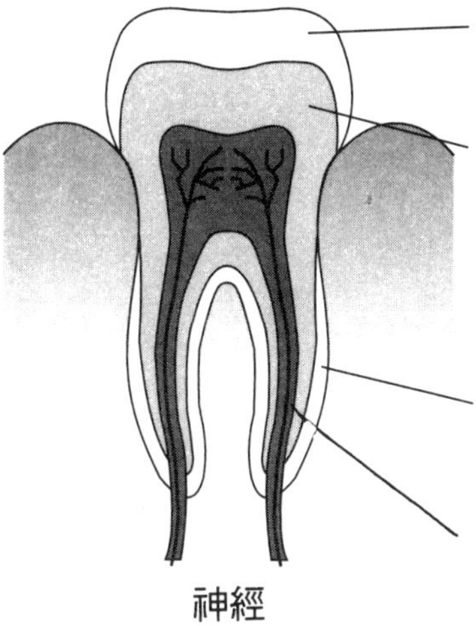
琺瑯質：人體最硬的部分，白色。
象牙質：比琺瑯質更軟，略帶黃色。
牙骨質：比琺瑯質更軟。
齒　髓：有血管和神經通過。
一旦蛀牙就會疼痛的部位即在此處。
神經

繆唐斯鏈球菌(Mutans)，會將糖分變成黏性很強的物質糊精。糊精纏住牙齒的表面，一旦發酵就會產生酸，溶解牙齒。覆蓋於牙齒表面的琺瑯質原本很硬，但是因爲成分是鈣質，所以不耐酸。

要預防蛀牙，就不能給予這種鏈球菌餌食。就算覺得麻煩，也要好好的刷牙。

✤為什麼會換牙？

進入小學就讀時開始換牙。在某些地方甚至保有上面的牙齒掉下來就要埋在地下、下面的牙齒掉下來就要往上扔到屋頂上的習慣。

人類在出生後六個月開

Science memo **繆唐斯鏈球菌**　成為蛀牙原因的鏈球菌，是唯一會附著在沒有牙垢的牙齒上的菌。本身只會製造出弱酸，但是形成牙垢時，就會讓產生強酸的菌棲息在牙齒上。

始長牙。最初長出來的是下面中央的二顆，然後是上顎中央的二顆。然後上顎中央二顆的兩側各長一顆，接著下顎的相同位置也各長一顆。出生後三年內會長齊二十顆乳齒，而這時在乳齒下方也已經開始形成恆齒。

換牙時期約在五至六歲。這個時期會換牙，是因爲下顎骨成長的緣故。數目較少的小乳齒無法支撐下顎加諸於牙齒的力量。人的身高會持續長到二十歲左右，而下顎的骨骼在此時已完全成形，不會再成長了。因此，牙齒一生只能換一次。

✤為什麼女性容易出現虎牙?

請大家想想三十年前的事情。爲什麼很多七〇年代的女性偶像都有虎牙呢?微笑時露出的虎牙是她們迷人的特徵。最近因爲討厭虎牙而接受矯正的人很多，但是，女性容易長虎牙卻也是不爭的事實。

會形成虎牙的是稱爲犬齒的牙齒。犬齒的換牙時間比兩旁的牙齒更慢，因此受到兩邊先長出來的牙齒的阻礙，沒有生長的空間。

然而犬齒又比下顎的牙齒成長得更快，在下顎還小的時候，勉強長出較大的犬齒，於是牙齒就會開始互相的推擠，結果犬齒被其他的牙齒推擠了出來，形成虎牙。

女性比男性更容易長虎牙的原因，是女性的換牙期比男性更早的緣故。

Science memo **虎牙** 已經解散而一度極受歡迎的偶像團體「SPEED」，所有團員都有虎牙。像山口百惠和松田聖子，虎牙也曾經是她們的招牌，但現在已經矯正了。

蛀牙形成的過程

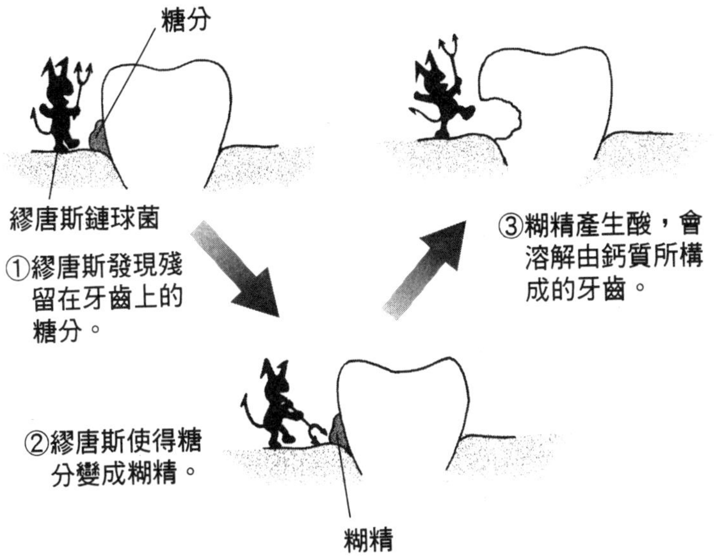

糖分
繆唐斯鏈球菌
①繆唐斯發現殘留在牙齒上的糖分。
②繆唐斯使得糖分變成糊精。
糊精
③糊精產生酸，會溶解由鈣質所構成的牙齒。

Science memo **矯正** 矯正牙齒的時機，最好是在所有的乳齒都換成恆齒的 11 至 13 歲。矯正所需時間為幾個月到二年。

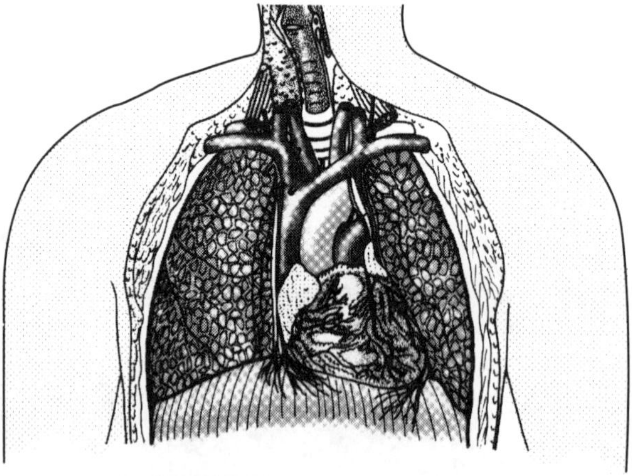

PART
3

「呼吸系統、循環系統」

給予氧及營養，去除細菌！
分布於全身的體內基本建設

☞ 為什麼會打嗝？

☞ 心臟不會得癌症嗎？

☞ 血型和性格有關嗎？

☞ 沒有製造血液的內臟嗎？

☞ 為什麼臟器移植很困難？

1 肺——將空氣中的氧吸收到人體內的構造

♣將氧送達紅血球、奪走二氧化碳的氣體交換器官

✤肺左右的大小不同嗎？

有個字眼叫做「單肺」，例如**單肺飛行**，就是指雙引擎的飛機有一邊引擎故障，只用另一邊的引擎飛行。換言之，原本有兩個發揮機能的物體，結果只有單側發揮機能時，就稱爲單肺。因爲這個字眼，所以我們會覺得肺的左右大小應該相同，各有一個。

但是，肺的左右大小不同。從左圖可知，右肺分爲上葉、中葉、下葉三個肺葉，而左肺則只有上葉、下葉二個。可能是因爲心臟在身體中間偏左的位置，所以左側沒有多餘空間的緣故！而相連的肺和心臟也有密切的關係。

心臟的構造在九十六頁會詳細敘述。大家知道它具有讓血液循環全身的唧筒的作用。循環全身的血液，將氧供給到各個部位，幫助身體產生熱量。而供給血液氧的器官就是肺。

✤胸式呼吸與腹式呼吸的不同

肺和將血液送達全身的心臟以及消化食物的胃和腸不同，它自己無法活動。能夠幫助呼吸的，則是藉著周圍的肌肉肋間膜和**橫膈膜**。肋間膜是指在

Science memo　**單肺飛行**　擁有多個引擎的飛機，基本上即使在飛行中有一個引擎停止，仍然能夠持續飛行。可是在離地時，如果有一個引擎停止，則會失速墜落。

肺的構造

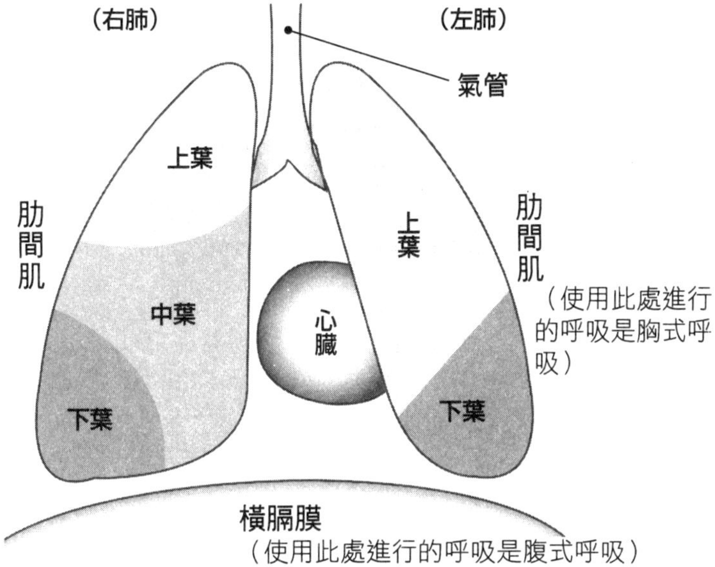

（右肺）
（左肺）
氣管
上葉
肋間肌
中葉
心臟
上葉
肋間肌
（使用此處進行的呼吸是胸式呼吸）
下葉
下葉
橫膈膜
（使用此處進行的呼吸是腹式呼吸）

肋骨之間的肌肉，使用這個部位的肌肉進行呼吸，就稱爲胸式呼吸。

另一方面，在肺下方藉著橫膈膜收縮的，則是腹式呼吸。

不論使用哪一種呼吸法，都是藉著肌肉使得胸廓擴張，降低胸廓內的壓力，使肺擴張。過著正常的生活，在自然的狀態下，胸式呼吸和腹式呼吸會複合進行，成人一分鐘大約呼吸十五至十八次。

✿計算肺活量與肺容量

在中學、高中時，大家都會接受肺活量的測定

Science memo **橫膈膜** 上方與心臟及肺連接，下方與胃、脾臟、肝臟連接的肌膜。藉著伸縮、放鬆，幫助肺呼吸。

。相信大家都還記得當時吹氣吹到滿臉通紅的情景吧！成人男性的數值爲三千至四千毫升，女性爲二千至三千毫升。但是，通常呼吸一次沒有人能夠吸吐如此大量的空氣。在日常生活中的呼吸，一次大約只有四百至五百毫升而已。

那麼肺活量到底是何種數值呢？請各位想想測定肺活量的方法。首先，在測定前要先吸氣。這時沒有人會像平常一樣只吸四百至五百毫升的氣就停止了，一定會拚命吸氣。

此時進入肺中的空氣會比平常多了一千至一千五百毫升。然後將口抵住測定器吐氣。先吐出最後吸入的①一千至一千五百毫升的氣體，然後再吐出平常呼吸所吸入的②四百至五百毫升的氣體。吐到到達界限爲止時，再吹入③一千至一千五百毫升的氣體。

將①②③合計，就得到二千四百至三千五百毫升的肺活量。但是，無論再怎麼樣吐氣，肺都不會變扁，仍然有二千毫升左右的空氣殘留，所以總計有四千四百至五千五百毫升左右的肺容量。

✤打嗝的構造與治療法

「哇！」的大叫一聲讓人嚇一跳，這是傳統的打嗝治療法。但是打嗝的原因在於橫膈膜的**痙攣**。因爲急忙喝水或吞嚥食物時太急，或是吃太多而使

Science memo **打嗝的原因** 略胖的人或老菸槍都容易打嗝。此外，懷孕中的女性也比較容易打嗝。

吃得過多時引起打嗝的構造

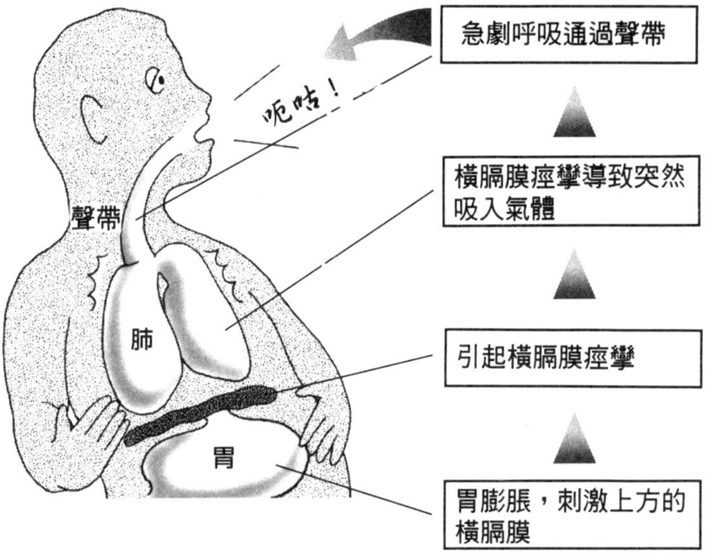
急劇呼吸通過聲帶
呃咕！
橫膈膜痙攣導致突然吸入氣體
聲帶
肺
引起橫膈膜痙攣
胃
胃膨脹，刺激上方的橫膈膜

得胃膨脹等理由而刺激橫膈膜時，就會引起痙攣。

通常幾分鐘之後就會緩和，但是如果一直無法停止的話，則可以請別人嚇你一跳，或是反覆深呼吸、長時間憋氣、花點時間慢慢喝水，就能夠治好。

打嗝時間最長的紀錄是一位美國人締造的，總計持續八年。在這八年當中，原爲六十二公斤的體重減輕爲三十三公斤。所以嚴重打嗝時可能會危急生命哦！

Science memo **痙攣** 肌肉異常收縮的情況。包括全身性的痙攣與局部性的痙攣二種。

2 氣管—將空氣確實運送到肺的重要管線

♣長約十公分的氣管以及呈樹狀擴散的支氣管

✤為什麼食物或飲料會進入胃，而空氣是進入肺中呢？

一邊說話一邊吃東西，或吃得太急時，可能會突然噎著。在家裡還不要緊，如果是在餐廳，可能會很麻煩。其原因是食物或飲料進入肺中造成的。但是仔細想想，為什麼通常食物會進入胃，而空氣會進入肺中呢？

在喉嚨有軟顎及會厭這兩個蓋子。除了吞嚥食物之外，軟顎會堵住通往食道的路徑，而會厭會使得呼吸道打開，讓空氣流入氣管。

另一方面，當食物進入時，軟顎背側會打開，形成通往食道的入口，而會厭則會堵住呼吸道，讓食物進入食道。

但是，當這個神經傳達不順暢時，也會出現異物進入氣管的情況。這時呼吸器官為了防衛自己，就會使得呼吸肌收縮，想要吐出異物。這就是造成噎住的構造。像打噴嚏和咳嗽的情形，基本上也是相同的。打噴嚏是空氣中的灰塵或花粉等附著於鼻子或鼻腔時，藉著呼吸肌的收縮將其吐出的動作。而咳嗽則是在灰塵或細菌等到達氣管或支氣管表面時發生的現象。

Science memo **吞嚥**　吞下食物的作用。食物到達胃之前的複雜過程由延髓支配。

食物和空氣的流程

空氣的流程

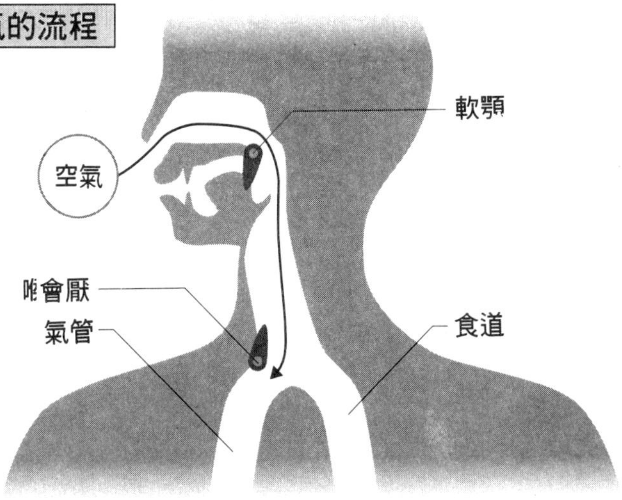

食物的流程

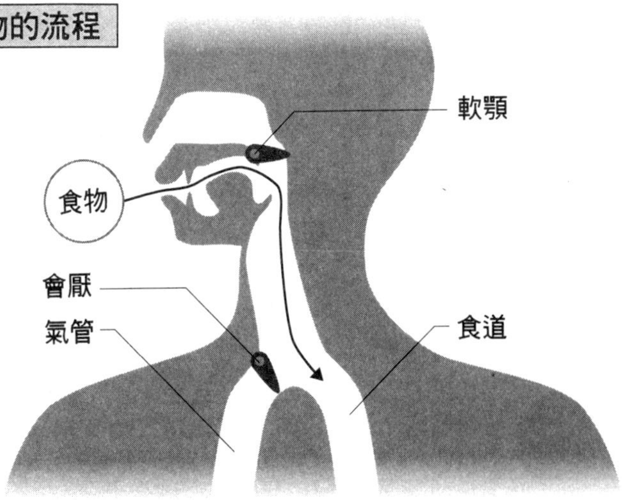

3 心臟——不眠不休、如拳頭般大的唧筒

♣將血液送達全身，是維持生命不可缺的器官

✿一旦心跳加快會形成何種情況？

和喜歡的異性獨處時、在眾人面前說話、等待大學放榜或就職考試的結果；或是開車時突然有東西從眼前衝出來，這時人的心跳就會加快。因此有人說，心臟是精神寄宿之處。

前面已經說過，心跳加快是自律神經造成的。心跳加快時，人體會變成何種情況呢？

隨著心跳的增加，血流增快，體內肌肉會有很多的血液流入。支氣管擴張，吸收大量的氧。瞳孔放大，眼睛不斷的移動，以避遺漏周遭的變化。也就是說，心跳加快是身體爲了應付所有的情況而進入緊急狀態的證明。

✿沒有神經相連，心臟也會跳動嗎？

「手術刀。」「夾鉗。」「好，捐贈者的心臟。」

在電視劇或電影裡偶爾會看到**心臟移植**的場面。醫生在移植結束時，會利用電擊的方式讓心臟重新恢復跳動。

Science memo **心臟移植** 1967 年，世界首次在南非進行心臟移植，目前已經有超過三萬件的移植例。現在有慢性臟器提供者不足的傾向。

心臟的內部

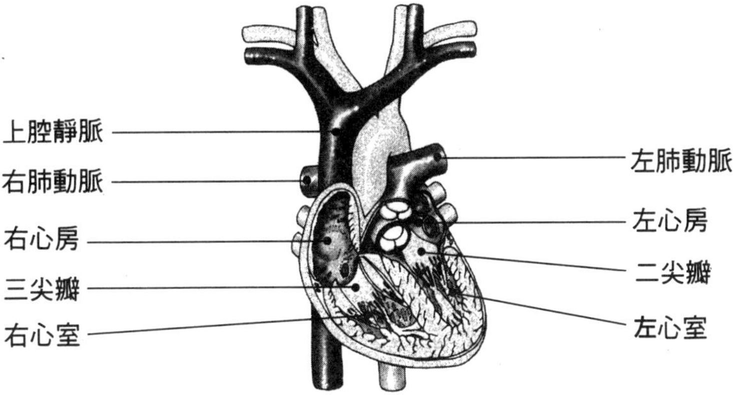
上腔靜脈
右肺動脈
右心房
三尖瓣
右心室
左肺動脈
左心房
二尖瓣
左心室

大家可能會對此感到懷疑：「爲什麼沒有神經連接，而心跳卻能夠規律的跳動呢？」我早就準備好答案了。

通常，肌肉如果沒有來自中樞的命令是無法作動的。我們活動身體是藉由來自大腦的指令，而反射動作則是如先前所說的，是由脊髓來控制。而內臟則是藉著延髓的功能來發揮作用。

但是，只有心臟可以自行運動。這個主動運動的根源，就是因爲心臟右側的大靜脈周圍有竇結節。竇結節經常會將一千分之一伏特的微弱電流規律正確的送達心臟。

這裡所產生的電流形成刺激，使得心房收縮，將血液送達全身。換言之，竇結節具有**心臟起搏器**的作用。

心臟以外的器官，一旦從人體取出

Science memo　**心臟起搏器**　藉著電氣信號流到心臟，使得心臟產生心跳的裝置。用來治療心律不整等。

就會停止跳動，只有心臟是例外，其理由就在於此。

此外，對竇結節所產生的電流進行增幅測定，並加以記錄下來的就是心電圖。藉此就可以進行心律不整或心肌梗塞等的診斷。

✤心臟不會得癌症的理由

目前國人死因的第一位是癌症。有胃癌、肝癌、子宮癌、大腸癌、膀胱癌等，身體各處都可能會出現癌症，的確是很可怕的疾病。但是卻沒有聽過心臟會得癌症，這是爲什麼呢？

癌是惡性腫瘤，在細胞分裂時過剩發育。然而製造心臟的心肌一旦成長之後，就不會進行細胞分裂。因此即使有癌細胞發生，也無法增殖。

心臟與肝臟、食道不同，不能夠切取任何的一部分。肝臟、食道等切取任何的一部分都可以再生，而**心臟則無法復原**。

無法增殖的細胞，還包括了神經元。二十五頁曾解說過，神經元一旦形成，就不會再進行細胞分裂，因此也不會得癌症。腦癌這種**腦腫瘤**，並不是源於神經元，而是神經膠質細胞所產生的癌症。

✤心臟不眠不休持續工作，但是……

你的心臟從出生起就一直持續工作，一旦停止跳動，當然會造成很大的困擾。然而持續工作難道就不會疲累嗎？

Science memo **心臟則無法復原** 但是現在成為話題的ES細胞，可能成為心臟的肌肉或神經元。請參照117頁關於ES細胞的敘述。

為什麼心臟不會得癌症呢？

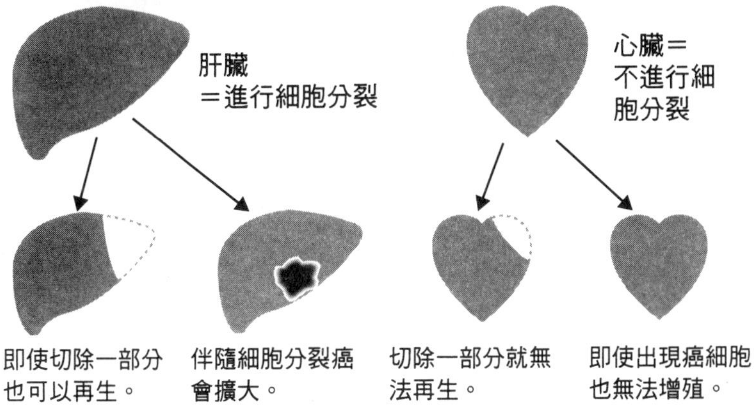
肝臟
＝進行細胞分裂
心臟＝
不進行細
胞分裂
即使切除一部分
也可以再生。
伴隨細胞分裂癌
會擴大。
切除一部分就無
法再生。
即使出現癌細胞
也無法增殖。

一七六頁會爲各位說明，心肌是以不容易疲累的紅肌爲主，心臟看起來好像是持續跳動，但也會有適當的休息。在送出血液的時候，心肌會緊張收縮，但是當血液流回心臟內時，則是保持放鬆的狀態。

成人在安靜時，其心跳次數爲一分鐘七十至八十下，嬰幼兒爲一三○下。相反的，運動選手的心肺功能極佳，有的人甚至只跳五十下。次數雖少，但卻能充分發揮機能。這是因爲運動選手不會因爲輕度的運動就呼吸加快的緣故。

動物方面，大象的心跳次數爲二十下，貓一一○下，兔子二百下，鼷鼠七百下，金絲雀一千下。

Science memo　**腦腫瘤**　顱內腫瘤的總稱。包括腦的腫瘤、腦神經腫瘤、髓膜腫瘤等。最近髓膜腫瘤有增加的趨勢。

4 血液——將氧及營養送達全身細胞的運送者

♣占體重十三分之一的神奇血液

✿血液有「紅」與「黑」二種

提到紅色的東西，大家首先想到的應該就是血液吧！因爲血液給人紅色的印象。紅色是能夠喚起人們警戒心的顏色。此外，流出大量的血液會危及生命，因此需要極度警戒。

到底是因爲需要警戒而使得血液變成紅色，還是因爲血液是紅色的，所以，紅色被視爲需要警戒的顏色呢？這就好像是先有雞還是先有蛋的理論一樣，沒有正確的解答。

紅色血液的真相是，紅血球中所含的**血紅蛋白**物質。血紅蛋白是血紅素色素、珠蛋白這種蛋白質所構成的。血紅素是紅色的根源。

同樣是血，但是有鮮紅色的血，也有略帶黑色的血。紅血球的重要作用是，將細胞活動所需的氧供應到全身，回收二氧化碳。血紅蛋白含有氧的時候就呈鮮紅色，含有二氧化碳時就變成紅黑色。前者稱爲動脈血，後者稱爲靜脈血。

Science memo **血紅蛋白**　存在於脊椎動物紅血球中的血液色素。由含有鐵的血紅素，以及蛋白質的球蛋白每四分子結合而成的色素蛋白質。

紅血球（血紅蛋白）的作用

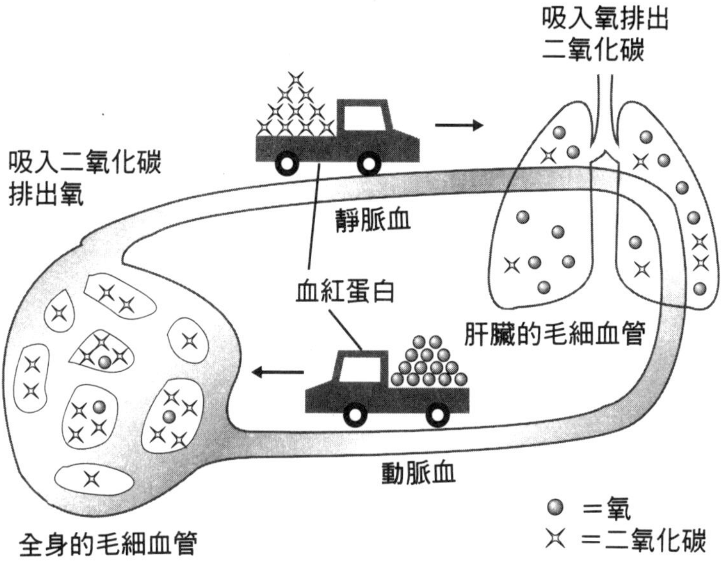
吸入氧排出
二氧化碳
吸入二氧化碳
排出氧
靜脈血
血紅蛋白
肝臟的毛細血管
動脈血
＝氧
＝二氧化碳
全身的毛細血管

✿貧血是如何發生的？

貧血有幾種，最常見的就是缺鐵性貧血，因爲體內鐵質缺乏而引起的。爲什麼缺乏鐵質就會引起貧血呢？

紅血球的血紅蛋白及血紅蛋白中的**血紅素**，還有血紅素分子中心的元素都是鐵。缺乏鐵，就無法製造出足夠的血紅素，紅血球也會變小。結果無法將足夠的氧送達全身，就會出現各種障礙。

症狀包括容易疲倦、輕度運動就會心悸、呼吸困難，以及頭痛、頭暈、

Science memo **血紅素** 血紅蛋白以及在細胞呼吸時幫助電子傳達的細胞色素等的分子構成要素。

缺乏耐性等。爲什麼會出現在女性身上呢？因爲女性在生理期、懷孕、生產、授乳時，容易消耗掉大量的鐵，因此容易貧血。事實上，成人女性十%都有缺鐵性貧血，而四十%則處於缺鐵狀態。治療方面要服用鐵劑，同時進行食物療法。此外，使用鐵鍋、煎鍋來做菜比較有效。

但是，朝會時因爲長時間站立而昏倒，這不是貧血，而是腦貧血。腦貧血是送達到腦的血液調節不順暢而造成的現象，與真正的貧血不同。腦貧血容易出現在低血壓或自律神經不穩定的人身上。

此外，除了缺鐵性貧血之外，也有因爲切除胃而導致**維他命B_{12}**缺乏、再生不良性貧血、肝硬化或腎功能不全等疾病所造成的貧血。

✤血液是由哪些成分構成的？

血液中不僅有紅血球，還有白血球、血小板、血漿等。紅血球運送氧和二氧化碳，白血球則能夠吞食由外部侵入的細菌。

血小板具有出血時使血液凝固的作用，一〇四頁會加以說明。占所有血液六十%的血漿，是血液的基礎，負責運送營養素和老廢物。

✤血液凝固時的條件

做菜時不慎被菜刀劃傷了手，如果傷口不是很深，就會立刻止血。拔牙之後，血液也會凝固，停止出血。血液在血管中不能凝固，但是，一旦接觸

Science memo **維他命 B_{12}** 也稱為氰鈷胺素。含有鈷，特徵是易溶於水。對於人類的惡性貧血有效。

血液的成分

血漿

九成是由水分構成的。負責運送水分、養分及老廢物。

紅血球

紅血球的血紅蛋白是紅的，所以血液看起來是紅色的。
血紅蛋白負責搬運氧。

淋巴球

白血球的同類。能夠判別該物質是原本存在於體內的物質，還是來自於體外的物質。

白血球

能夠殺死由外部侵入體內的病毒等。
無色，比紅血球大。

血小板

修復血管的破損。比紅血球小很多。

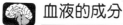

空氣就必須要凝固，如果不凝固，持續流血，就會危及生命。事實上，失去全部血液的三分之一以上時，就會死亡。

血碰到氧就會凝固，這是血小板和血漿中所含的**纖維蛋白原**造成的。首先是破損的血管有血小板聚集，形成血栓。接著，血小板對於纖維蛋白原產生作用，使其變為纖維蛋白。不溶於血的纖維蛋白如網眼般，包圍在周圍。

但是，如果連續不斷的出現這個作用，就會造成很大的困擾。沒有受傷卻形成血栓，因為纖維蛋白而使得血液凝固的話，血管就會阻塞，血液無法流動。如此就會造成腦梗塞、心肌梗塞，危及生命。纖維蛋白原變化為纖維蛋白，需要十二種血液凝固因子發揮複雜的作用。若未齊備這十二種因子，血液就不會凝固。如果欠缺其中一部分的因子，就會造成血友病。

✿被蚊蟲叮咬卻不會發癢的方法

夏天時，會吸人血的**蚊子**不斷的飛舞著。被叮咬後覺得又癢又痛，讓人困擾。但是卻不曾看過蚊子被吸取的血液凝固而無法動彈。

事實上，蚊子在吸血之前，已經將不會使血液凝固的物質注入人體內，然後再吸血。這個不會使血液凝固的物質，就是造成疼痛和發癢的原因。

被蚊子叮咬時如果靜止不動，蚊子就會將血液和這個物質一併吸回體內而飛走。所以被蚊子叮咬時，不要立刻去打蚊子，等蚊子吸完血飛到其他地

Science memo **纖維蛋白原**　也稱為纖維素原。在脊椎動物的血漿中含量為0.2至0.4%的一種球蛋白。

被蚊子叮咬時的正確處理方法

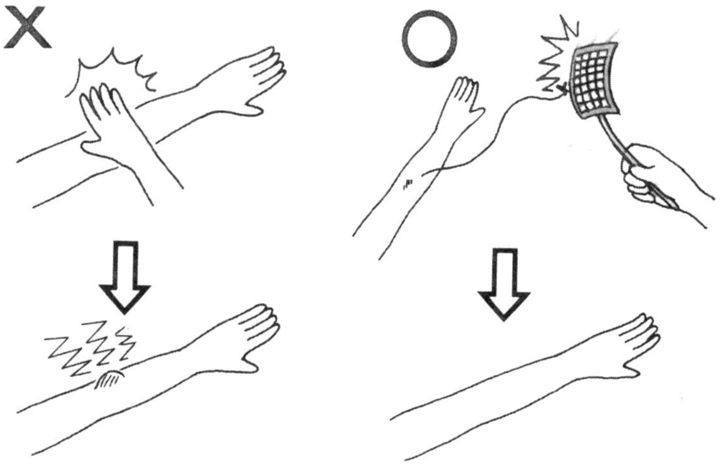

如果在牠吸血時立刻打牠，就會造成發癢現象。

等到蚊子吸完血飛走停在某處時再打牠。

方停下來時再去打牠，這樣就能夠減輕身體的發癢和疼痛。

✤血型和性格完全無關！

血型和性格完全無關。這是科學的結論，但是也許很多人會提出反駁的理論。有人會說：「可是血型占卜書的說法很準呢！」或是說：「性格和血型都會遺傳，所以兩者應該有關。」

在討論這個問題之前，我們先來看一下血型（ABO式）是如何決定的。血中的紅血球表面有糖附著。如果是半乳糖酸就

Science memo　**蚊子**　會叮咬人畜並吸血的雙翅目蚊科的昆蟲。是日本腦炎或瘧疾等傳染病的媒介。此外，雄蚊不吸血。

是A型，如果是半乳糖就是B型，兼具兩者就是AB型，都沒有就是O型。這是一九〇一年奧地利的**藍德休塔那**所發現的。

因爲意外事故而大量出血時，需要別人的輸血幫忙。但在當時，輸血之後有時會因爲血液凝固而發生死亡的意外。現在則已經知道，輸不同血型的血液，會造成血液凝固。

也就是說，當時的輸血，乃是以生命做賭注的行爲。後來發現各種血型之後，才得以安全的進行輸血。

然而，歐洲認爲循環於全身的血液對**性格與能力**都會造成許多影響。甚至有人利用血型來斷定上層階級及勞工階級的優劣，以及特定的人種爲低等人等。例如，犯罪者以哪種血型較多、哪種血型的人智能較差等，歐洲堅持這樣的主張。

第二次世界大戰之後，這些想法已經消失，但是不知道爲什麼，現在國內還流行利用血型判斷性格的方法。

這就是我對於前面反駁理論的答案。例如，從左圖可知，日本血型的比例，A型和O型約占七成。但相反的，如果以順序來排列血型，那麼到第四種以後就很少見了。

就好像AB型和O型的父母生下了A型和B型的孩子一樣，因此，前述

Science memo **藍德休塔那（1868～1943）** 美國的免疫學家。發現人的ABO式血型、MN式、Rh因子。開發了脊髓灰白質炎的診斷法。得到諾貝爾生理醫學獎。

日本人的血型比例及遺傳規則

日本人的血型比例

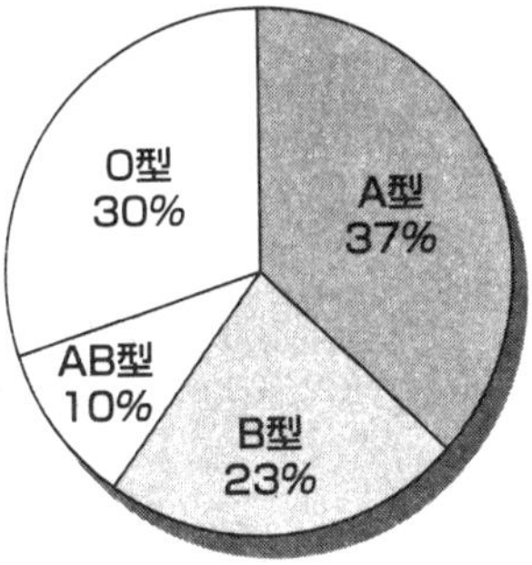

血型的遺傳規則

父母		生下的孩子的血型 O	A	B	AB
O	O	●			
O	A	●	●		
O	B	●		●	
O	AB		●	●	
A	A	●	●		
A	B	●	●	●	●
A	AB		●	●	●
B	B	●		●	
B	AB		●	●	●
AB	AB		●	●	●

的「遺傳」根本就是毫無根據的反駁理論。最近的研究也證明了這一點。

事實上，血型物質不僅存在於紅血球，也存在於身體各處，只有腦沒有。而目前已知性格與智能是由腦來決定的。喜歡血型占卜的人真的很抱歉，但是我還是要告訴各位，血型和性格無關。

Science memo **性格與能力** 在血型發現之前的十七世紀，西歐認為血液與能力有關。此外，還進行實驗，將聰明狗的血液輸到不聰明狗的血液當中，想要了解聰明狗所擅長的表演是否在得到其血液的不聰明狗身上也能夠表現出來。

5 血管——遍布全身的血液的道路

♣人體內的血管長度總計達九萬公里

✿循環體內的血液之旅

藉著心臟收縮送到全身的血液，其通道是血管。

血管大致有二種循環路線。一種是從右邊心臟（右心室）出發，經由肺進行氣體交換之後，再回到左邊心臟（左心房）的路線。另一條則是從左邊心臟（左心室）出發，循環全身，回到右邊心臟（右心房）的路線。前者稱爲肺循環，後者稱爲體循環。

詳細看看這個循環。肺循環的起點是右心室，但是，這裡的血液是循環全身回來的血液，因此，充滿了各器官排出的**二氧化碳**。前面已經說過，這是黑色的靜脈血。這個血在肺進行氣體交換，血液釋出二氧化碳，吸收氧，形成新鮮的動脈血，然後再回到左心房。繞一周大約要三至四秒，然後這個動脈血再被送到全身。心臟的左側比右側大，就是因爲從左側流出的血液必須循環全身，左邊的心臟需要較大的力量的緣故。而離開左心室的血液，在全身器官釋出氧，吸收二氧化碳，形成靜脈血，再回到右心房，所需時間最

Science memo **二氧化碳**　分子式 CO_2。比空氣重1.5倍，在空氣中含量達0.03%。

全身的血管

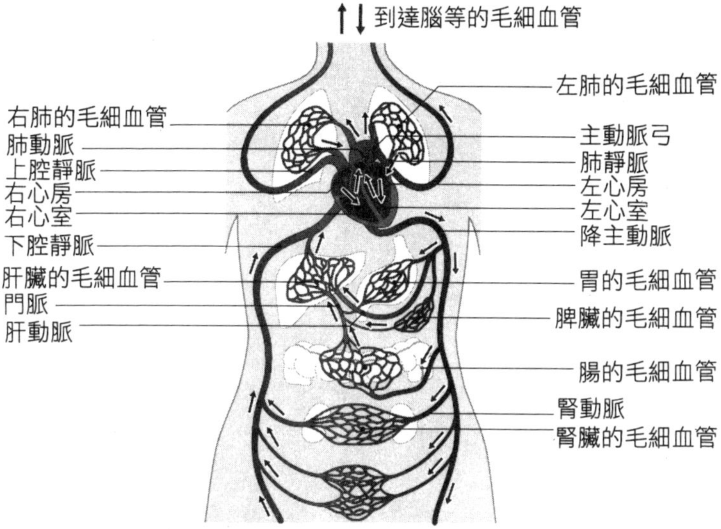

到達腦等的毛細血管
左肺的毛細血管
右肺的毛細血管
主動脈弓
肺動脈
肺靜脈
上腔靜脈
左心房
右心房
左心室
右心室
降主動脈
下腔靜脈
胃的毛細血管
肝臟的毛細血管
門脈
脾臟的毛細血管
肝動脈
腸的毛細血管
腎動脈
腎臟的毛細血管
身體下方的毛細血管

短二十秒。釋出的氧在各器官被當成熱量燃燒使用。

✤血液能夠倒流嗎？

憤怒或難爲情時，有時會覺得血液倒流。但是血液真的會倒流嗎？

以動脈來說，藉著心臟的強大力量推出血液，所以不會倒流。但是，各組織收集而來的靜脈血的威力就沒有這麼大了。流入靜脈的血在周邊肌肉收縮時移動。而動脈有防止倒流的瓣。例如打點滴時，有時會導致血液倒流，但是這種情況不會在血管內發生。

Science memo **氮** 分子式 N_2。無色無味無臭的氣體，在空氣中占80%。

6 骨髓—製造血液的工廠

♣紅血球、白血球、血小板的故鄉在骨的內部！

✤血液從哪裡製造出來？

紅血球在一〇〇至一二〇天、**白血球**在二週、血小板在幾天內壽命就會終結，所以血液的壽命並不長。血液成分會不斷的製造出來，但是，在人類的五臟六腑等內臟中，並沒有發現製造血液的器官。脾臟會蓄積大量的紅血球，但這是以防大量出血時可以供應身體使用，血液並不是從這裡產生的。

事實上，製造血液的工廠是在骨內的骨髓。如左圖所示，在長而細的骨中心部有空洞，兩端呈蜂窩狀。在蜂窩狀小房間裡面有紅色骨髓，空洞中則塞滿了黃色的骨髓。

紅血球、白血球和血小板是紅色骨髓製造出來的，骨和骨膜有無數的毛細血管，將血液送達全身。黃色骨髓通常用不到，但是當大量出血等緊急需要血液時，就會變成紅色骨髓，參與造血工作。

剛出生的嬰兒可以用全身的骨製造血液，但是長大成人之後，則只形成了椎骨、胸骨、肋骨。

Science memo **白血球**　血球的一種。為無色有核細胞，包括淋巴球、單球（單核細胞）、顆粒白血球等各種不同種類。比紅血球大，數目較少，人的血液一立方毫升中約有5000至7000個。

血液的工廠・骨髓

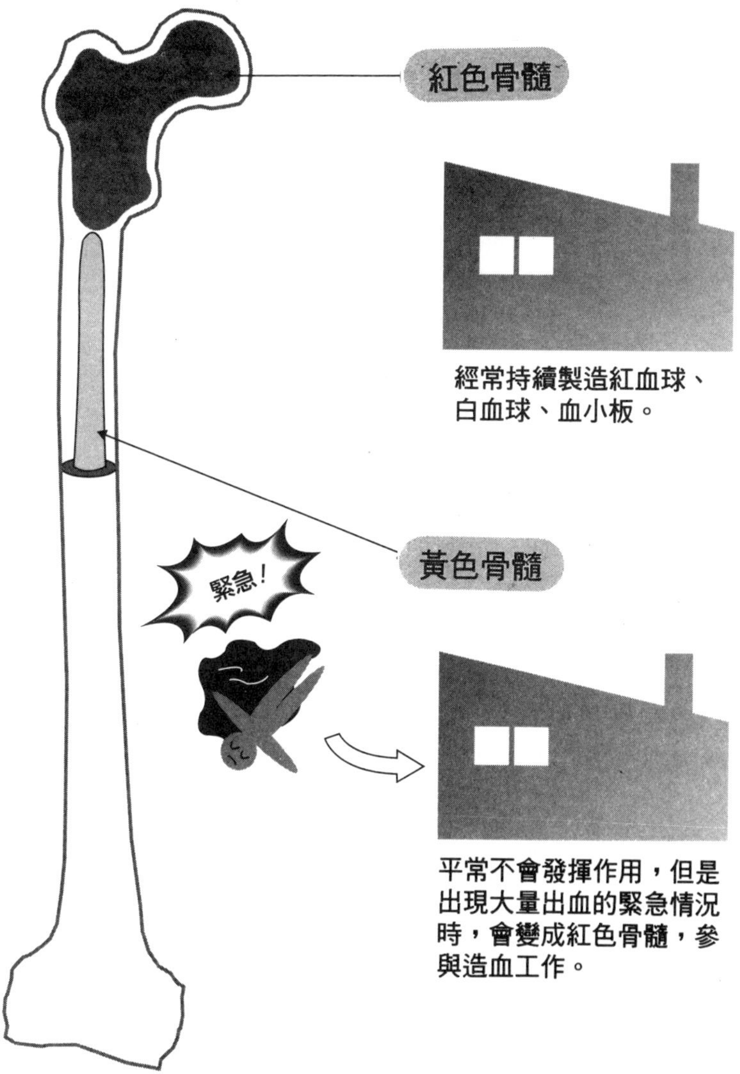
紅色骨髓
經常持續製造紅血球、白血球、血小板。
黃色骨髓
緊急！
平常不會發揮作用，但是出現大量出血的緊急情況時，會變成紅色骨髓，參與造血工作。

7 淋巴—與細菌作戰的人體自衛隊

與白血球互助合作、吞食細菌的免疫構造

淋巴管只有「歸來道路」

提到遍布全身的管道，首先會讓人想到血管。在醫院經常聽到血管注射這樣的字眼。流入血管紅色的血液非常新鮮，而送出血液的器官心臟，則是最重要的臟器。

人體除了血管之外，分布於全身的管道，就是淋巴管。人類爲了維持生存，則淋巴管具有重要的作用，因爲它能夠去除侵入人體的細菌，完成**免疫**作用。

淋巴管與血管有密切的關係。血管中的動脈是去的路徑，而回來的路則是靜脈，淋巴管則只有歸來的路。因爲流入淋巴管的淋巴液原本就是從血管流出來的。

從血管滲入組織內的一部分血液，就是淋巴液，而收集淋巴液，使其流回的道路就是淋巴管。淋巴液會合之後再次注入靜脈，其量一天達三至四公升，爲由心臟流出血液的二千分之一。

Science memo

免疫　對付病原菌或毒素的抵抗力。利用減弱力量之後的細菌或毒素，以人工方式用來製造抗體的，就是預防接種。此外，還有使用動物的免疫血清暫時得到免疫的做法，稱為血清療法。

全身的淋巴

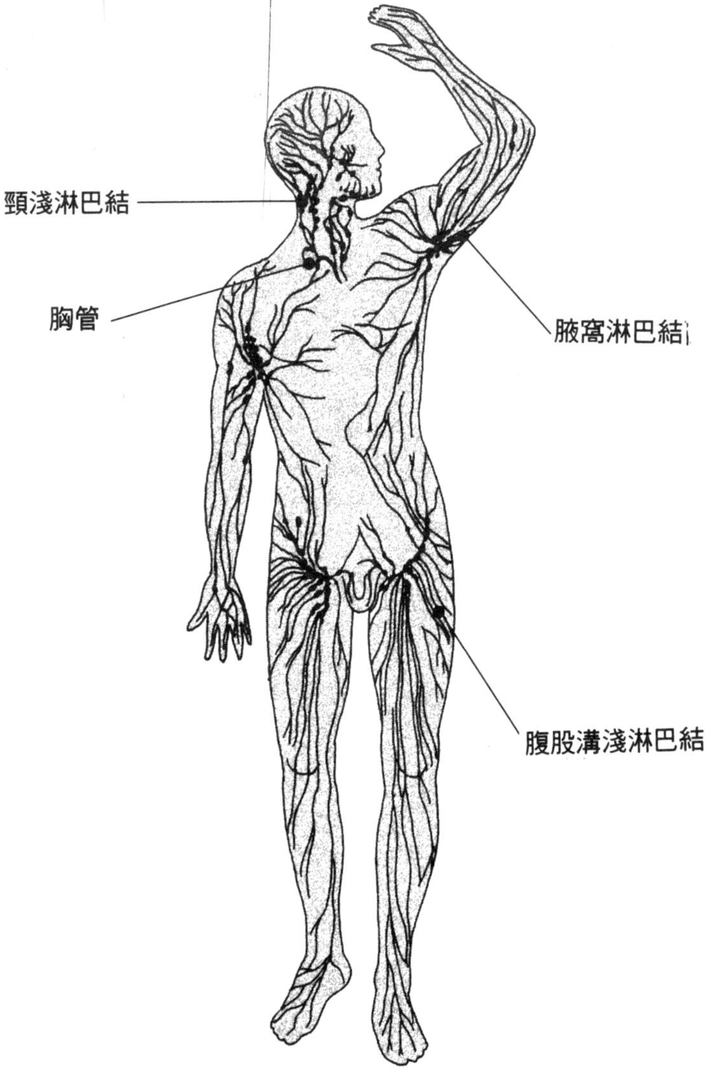

✿擊退病毒的活躍淋巴

對人體有害的**病毒**等由體外入侵時，首先，淋巴球會加以識別。淋巴球具有分辨自己身體以外其他物質的能力，它會將抗體這種化學物質散播到外敵上。這個抗體會成爲傳達給白血球的訊息，接著白血球就會吞食掉被抗體包圍的病毒。

淋巴球具有識別自體以外的細菌的能力，然後再散播抗體。但是，如果是面對未知的細菌，則製造出抗體必須要花費一些時間。在這段期間內，細菌可能會增殖而導致發病。這時如果不借助藥物等的力量就很難治療，不過，只要是入侵過的細菌，淋巴球一生都會記住。而這個人日後身體誕生出來的淋巴球，也會一直持續記憶細菌。

當過去曾經出現過的細菌進入體內時，人體就會立刻製造抗體，擊退細菌，這就是免疫。像痲疹或腮腺炎等，一旦罹患過，就不會再發病，這就是因爲免疫發揮了效果。病毒進入，但在增殖之前就被擊退，所以在本人沒有自覺的情況下就已經治癒疾病了。

基本上流行性感冒也是如此，但是，流行性感冒每年都會變換不同的類型。它是由病毒所引起的疾病，我們會罹患好幾次流行性感冒的理由就在於此。

Science memo　**病毒**　構成的物質主要是蛋白質和核酸。必須在細胞內增殖，無法單獨增殖。只在活的細胞內增殖，會改變細胞的代謝，因此成為病原體。

免疫是如何形成的

①淋巴球發現病毒
②淋巴球對於病毒
散播抗體
③抗體成為標記，
白血球攻擊病毒
④白血球戰敗，只好借助
醫藥的力量擊退病毒
藥
⑤一旦擊退病毒，淋巴球就會記住病毒的毒性，等到下次
同樣的病毒再入侵時，就可以立刻擊退＝免疫
要注意
這傢伙！
啊！
是那個傢伙！

✤為什麼臟器移植很困難？

在報紙上會看到臟器移植的報導，而移植後的經過說明就是有沒有免疫反應或排斥反應。如果免疫反應激烈，則好不容易移植好的臟器也無法發揮作用。

這時引起的問題就是免疫。免疫系統會區別自己的組織與他人的組織。將移植的臟器視爲異物的淋巴會對於該臟器製造出**抗體**。因此，移植要盡量選擇與自己的組織類似的親人的臟器來移植比較好，其理由就在於此。

此外，臉部受了燒燙傷時，移植自己臀部的皮膚的方法比較可行。例如，使用具有患者自身遺傳資料的**ES細胞**來移植的構想已經成爲話題，就是因爲它不會引起排斥反應。

從他人身上移植臟器時，必須盡量避免引起免疫反應，所以要進行各種檢查，調查適合性。

此外，移植手術成功之後，患者一生都要投與免疫抑制劑。

✤花粉症的真相

春天天氣回暖，心情愉快，但對於花粉症的人而言，則是憂鬱的季節。花粉症及異位性皮膚炎等過敏，都是免疫出現異常反應而引起的。

人體過敏的代表理由是IgE（免疫球蛋白E型）抗體不足。這個抗體本

Science memo　**抗體**　生物體與抗原的入侵產生反應而在體內形成的物質。對於特定的抗原會產生特異的反應，發揮凝集、沈降或中和抗原毒素的作用，對於生物體會造成免疫性和過敏性。

抗菌商品是不是過度保護商品？

如果隨時受到抗菌商品的保護……

那麼在緊急時刻就會失去免疫力，容易罹患疾病。

如果平常就和各種細菌作戰……

那麼在緊急時刻免疫就會發揮作用，不容易罹患疾病。

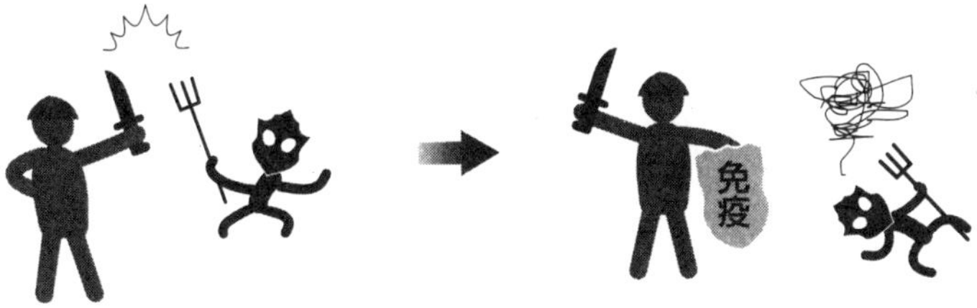

來是以寄生蟲爲目標而產生的，不過現在國人體內的寄生蟲幾乎已經銷聲匿跡。有寄生蟲時IgE值較高。IgE似乎具有防止異位性皮膚炎或花粉症的作用。

如果利用寄生蟲來創造免疫，那麼，也許就能夠形成對抗瘧疾等的抵抗力。但是，我想沒有人會因此而刻意的讓自己體內產生寄生蟲吧！最近流行的抗菌商品等，對於想要創造免疫力的人而言，最好避免使用。

Science memo **ES 細胞** 胚性幹細胞。具有成為所有臟器的可能性，因此也稱為「萬能細胞」。給予特定物質時，會分化為神經、肌肉或皮膚等各種細胞。

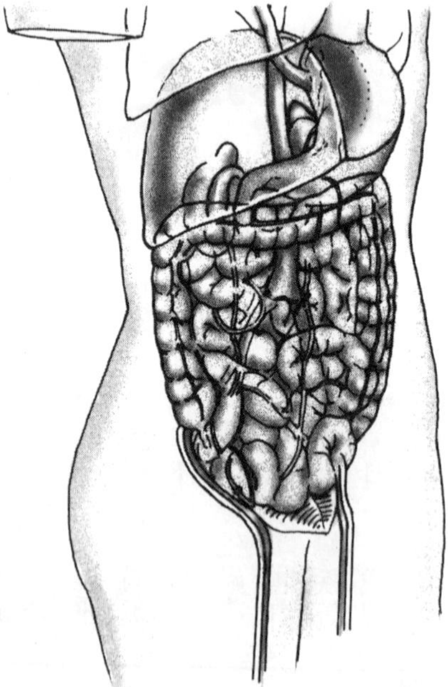

PART 4

「消化系統・泌尿系統」

消化、吸收、排除巧妙的團隊合作！負責維持人體生命的化學工廠

- ☞ 人類沒有胃也能生存嗎？
- ☞ 忍耐沒有放出來的屁到哪裡去了？
- ☞ 不包括在五臟六腑中的胰臟的功能
- ☞ 雖然有人工心臟，卻沒有人工肝臟！
- ☞ 為什麼緊張時會一直想上廁所？

1 胃——將食物變成養分的調理廠

♣在腸使養分容易被消化、使內容物變軟的臟器

✤即使沒有胃，人也不會死亡

得癌症或潰瘍等時，有時會將胃全部切除。但是即使如此，人還是可以活著。既然如此，爲什麼胃要存在於人體內呢？

胃的作用是爲了讓營養容易被吸收，負責攪拌食物，將其送到腸，以及藉著胃液的**胃蛋白酶**分解蛋白質加以吸收，藉著強力鹽酸殺死細菌。如果胃被切除，則以上的功能將由十二指腸來代替，胰液也會代替胃液發揮作用。所以即使沒有胃，人也可以活著。

有人會認爲，切除胃之後可能無法出現食慾。然而事實上並非如此，因爲控制食慾的是在丘腦下部的攝食中樞與滿腹中樞，胃的存在與否與食慾無關。攝食中樞會煽動食慾，滿腹中樞會抑制食慾，兩者相互作用，因此會產生空腹感或滿腹感。

但是，切除胃之後，無可避免的消化能力會減退。沒有胃，食物就無法貯存，所以無法一次吃太多東西。

Science memo **胃蛋白酶**　一種蛋白酶。在胃液當中藉著酸，尤其是與鹽酸的互助合作來分解蛋白質。

胃與十二指腸

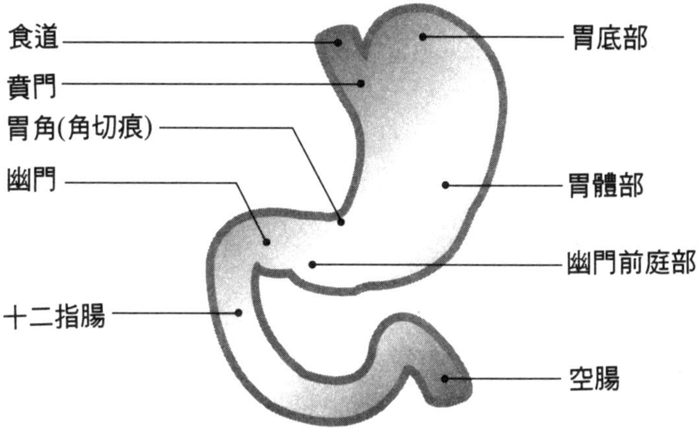
食道
賁門
胃角(角切痕)
幽門
十二指腸
胃底部
胃體部
幽門前庭部
空腸

為什麼沒有胃也會肚子餓呢？

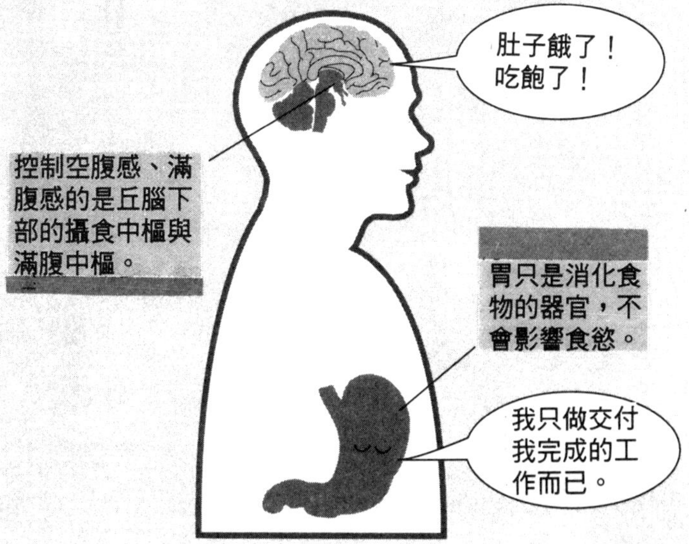
肚子餓了！
吃飽了！
控制空腹感、滿腹感的是丘腦下部的攝食中樞與滿腹中樞。
胃只是消化食物的器官，不會影響食慾。
我只做交付我完成的工作而已。

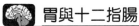

✤為什麼肚子會「咕嚕咕嚕」的叫？

在面臨緊急的會議場面，有時會聽到肚子裡發出「咕嚕」的聲音。雖然祈求聲音趕快停止，但是，胃卻不聽使喚，依然持續的叫著。在一片寂靜的時候聽到肚子咕嚕咕嚕的叫聲，真是令人難爲情。這到底是什麼聲音呢？難道自己無法制止它發出聲音嗎？

人一天所需要的糖量，爲血液每一毫升中約一百毫克。我們藉著飲食補充糖。剛吃完東西時血糖值最高，經過一段時間，達到空腹狀態時，血糖值下降。爲了加以補充，腦會對胃發揮作用，接收到腦的信號的胃就會產生收縮運動，這時就會發出這種可怕的聲音。

要停止腹部出現聲音，可以喝些牛奶或在口中含些糖球。這是比較方便可行的方法。但是，在重要會議上不可能口中含著糖球，看來也只好舉雙手投降了。

✤正確的噯氣處理方法

在日本與歐美的**用餐禮儀**當中，尤其忌諱噯氣（打飽嗝）。這個很難停止的生理現象，和肚子發出咕嚕咕嚕的叫聲一樣令人困擾，但是一般人聽到肚子咕嚕咕嚕的叫聲時只會一笑置之，而打飽嗝卻會被視爲不禮貌的行爲，遭人冷眼看待。

Science memo **用餐禮儀** 在日本和歐美認為打飽嗝是很不雅的行為，而在中國則認為這是對料理的讚賞。

喝碳酸飲料會出現噯氣的構造

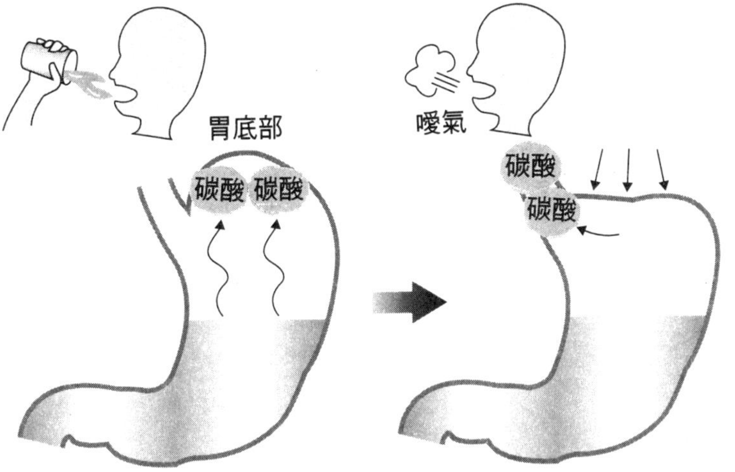

由食道進入的空氣與碳酸容易積存在胃底部。

當胃底部積存了超過一定量的氣體時，會逆流到食道，從口中噴出，這就是噯氣（打飽嗝）。

例如，喝了汽水等**碳酸**飲料所產生的二氧化碳，會積存在胃上部的胃底部。當氣體積存到一定的量以上時，就會藉著胃的收縮運動將在胃入口的賁門括約肌推開來，於是氣體逆流到食道，最後由口噴出，這就是噯氣。

當然，和食物一起吞嚥到胃內的空氣也會成爲噯氣。

從生理現象來看這是比較健康的方法，但有時候要考慮到時間和場所，免得被人瞪白眼。

Science memo　**碳酸**　分子式H_2CO_3。碳酸氣（二氧化碳）是能溶於水的弱酸。

✿胃液真的不會自我溶解嗎？

成人一天會分泌二至三公升的胃液。主要成分是使牛奶等凝固的酵素、使蛋白質分解的消化酵素胃蛋白酶，以及具有強酸性的鹽酸等。**鹽酸**的pH值爲一・五至二・〇，如果取出胃液，將鋅浸泡在胃液當中，則鋅立刻會開始溶解，因此胃液具有強酸性。這個強酸一直分泌出來，但是，胃卻不會被溶化掉。這是爲什麼呢？

這是因爲在胃黏膜表面的上皮細胞分泌出黏液。在出現強烈酸性的胃液之前，趕緊分泌黏液，保護胃壁。此外，黏液下方有當成制酸劑使用的重碳酸鈉，能夠中和鹽酸，保護胃黏膜。藉著這個巧妙的構造，使得胃不但不會自我溶解，而且每天都能夠消化掉我們送入體內的食物。

因爲暴飲暴食或壓力使得胃黏膜受損時，有時會自然痊癒。這是因爲透過分布於胃內側的血管，血液能夠補充營養，使得新的細胞能夠立刻填補傷口所致。

✿為什麼遇到擔心的事會得胃潰瘍？

因爲壓力等心理負擔而發生的疾病，一般人會想到的就是胃潰瘍。因爲胃潰瘍而住院的例子屢見不鮮，它可以說是現代社會的代表性疾病。

人受到精神壓力時，由於自律神經和荷爾蒙的作用，會使得胃液分泌旺

> *Science memo* **鹽酸**　氯化氫（分子式HCℓ）的水溶液。純粹的鹽酸為無色，不純的鹽酸為黃色。濃鹽酸具有刺激臭，會冒煙，酸性較強，會溶解許多金屬(銅、錫、汞等除外)，製造出氯化物。

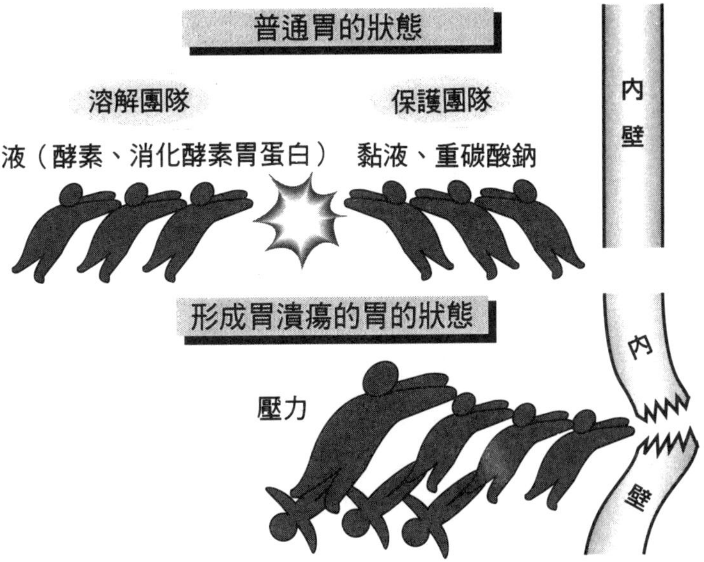
普通胃的狀態
溶解團隊
保護團隊
胃液（酵素、消化酵素胃蛋白）
黏液、重碳酸鈉
內
壁
形成胃潰瘍的胃的狀態
壓力
內
壁

盛。但是，控制內臟或分泌腺等的交感神經的興奮，會使得胃的血液循環不順暢，對胃液的抵抗力減退。結果胃液的主要成分鹽酸，以及原本應該分解蛋白質的消化酵素胃蛋白酶開始溶解胃的內壁，引起潰瘍。現代醫學認爲可以完全治好胃潰瘍，只要取得足夠的休息以及巧妙的紓解壓力，就能夠治好胃潰瘍。不過這就取決於現代人的智慧了。

Science memo **pH值**　表示氫離子濃度的數值。溶液中氫離子的濃度以指數來表示。純水的pH值＝7，為中性，數值大於7為鹼性，小於7為酸性。

2 腸—吸收養分的腸的構造

♣吸收養分和八〇%水分的小腸，以及使糞便變硬的大腸

✿從食物到變成糞便為止的旅程

食物從口進入到成爲糞便排出爲止的行程，你知道是什麼樣的情況嗎？

在口中咀嚼、吞嚥的食物，大約一分鐘之後進入胃。食物要花二至四小時藉著胃液和胃的收縮活動成爲粥狀，然後送到小腸。加上胰液和膽汁，藉著消化酵素的作用，使得澱粉變成葡萄糖，蛋白質變成氨基酸，脂肪變成甘油和脂肪酸，由小腸吸收，然後留下纖維和水果的種子等。到此爲止所需時間爲四至五小時。在小腸吸收營養後的食物殘渣，到了大腸內被吸收水分而固體化，然後加入腸內細菌而膨脹。很多人總認爲糞便全都是食物殘渣造成的，但是其中的三分之一是細菌。到此爲止所需時間爲九至三十小時，通過大腸大約要花十二小時，然後經由直腸成爲糞便，排泄到體外。總計需要十五至三十九小時，也就是需要半天到一天半以上的時間。

歐美人一天排出的糞便量大約爲一五〇公克，日本人爲一五〇至二〇〇公克。和歐美人相比，日本人攝取比較多不易消化的纖維質食物，因此糞便

Science memo **蛋白質** 數十個以上的氨基酸呈鎖鏈狀相連構成的物質。包含在細胞質和核中的物質，與生命現象有密切的關係。

腸在糞便排出之前的作用

食物在口中咀嚼、吞下，
通過食道，進入胃。

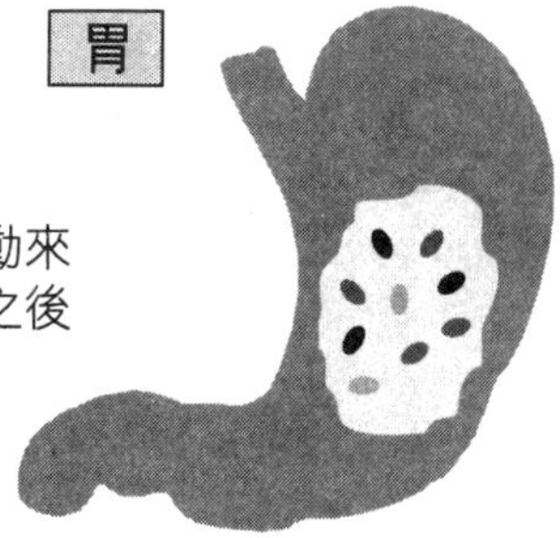

在胃中藉著胃液和收縮活動來
攪拌食物。形成粥狀食物之後
送到小腸。

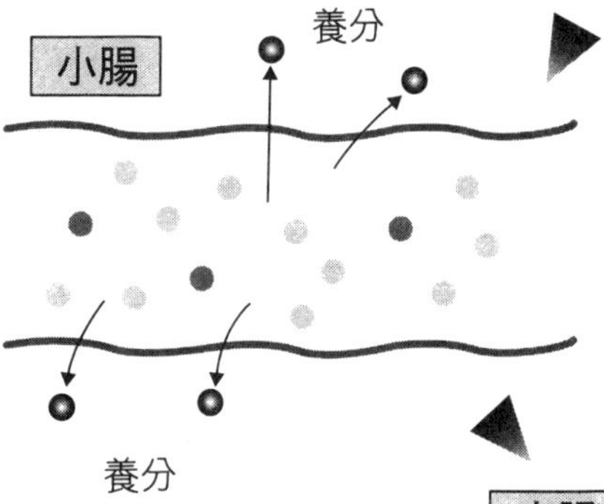

小腸吸收養分，纖維或
種子等殘渣則送到大腸。

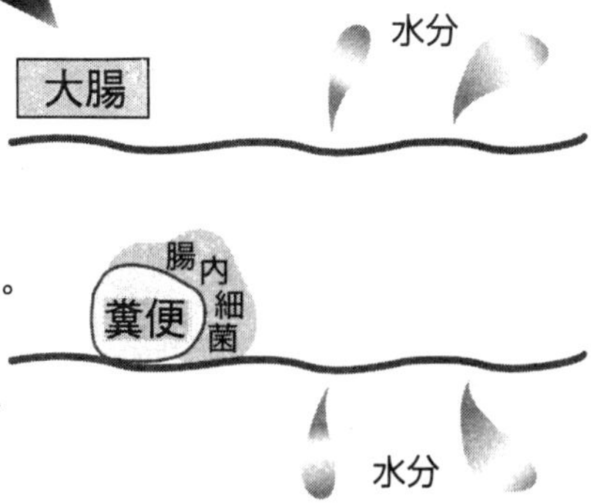

大腸吸收水分，於是殘渣
固體化。再加入腸內細菌。

從直腸排便

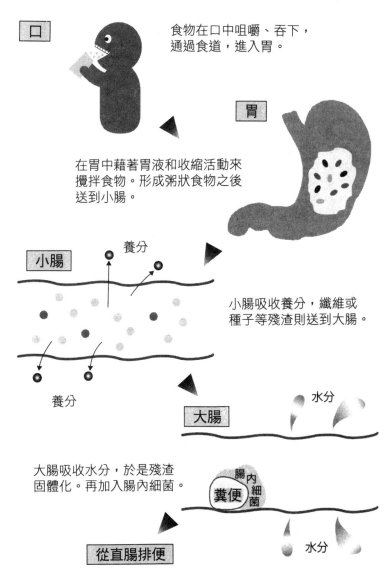

量較多。

✿茶褐色的糞便是健康的證明

你看過蝸牛糞嗎？吃過胡蘿蔔之後是橘色的糞便，吃過菠菜之後是綠色的糞。然而爲什麼人類不管吃什麼，糞便都是茶褐色的呢？

通過胃變軟的消化物，進入小腸後加入胰液與**膽汁**，這時消化物會因爲膽汁而變成黃色。消化物再進入大腸，這時在大腸內的細菌會和消化物中膽汁的膽紅素物質產生反應，使消化物變成茶褐色。蝸牛會直接排出食物的顏色，是因爲在其體內並沒有讓糞便染色的色素。

下痢時糞便接近黃色，是因爲它通過體內的速度比平常快，無暇和膽紅素產生化學反應的緣故。相反的，便秘時，由於停留在體內的時間較長，膽紅素的濃度較高，因此會變成黑褐色。

攝取較多的肉類和鐵劑時，糞便也是黑色的。這並非異常，反而是糞便泛白才要注意。沒有顏色就表示沒有膽汁，這也表示肝臟或膽囊可能異常。此外，像炭一般漆黑的顏色，則可能食道、胃或十二指腸出血。如果是鮮紅色，則疑似大腸炎或直腸癌。

此外，嬰兒有時候會排出綠色糞便，這是因爲腸內細菌使得膽紅素氧化而造成的，不需要特別擔心。

Science memo　膽汁　膽汁從肝臟排出，先蓄積在膽囊，然後再送到十二指腸，幫助脂肪的消化。

糞便成為褐色的過程

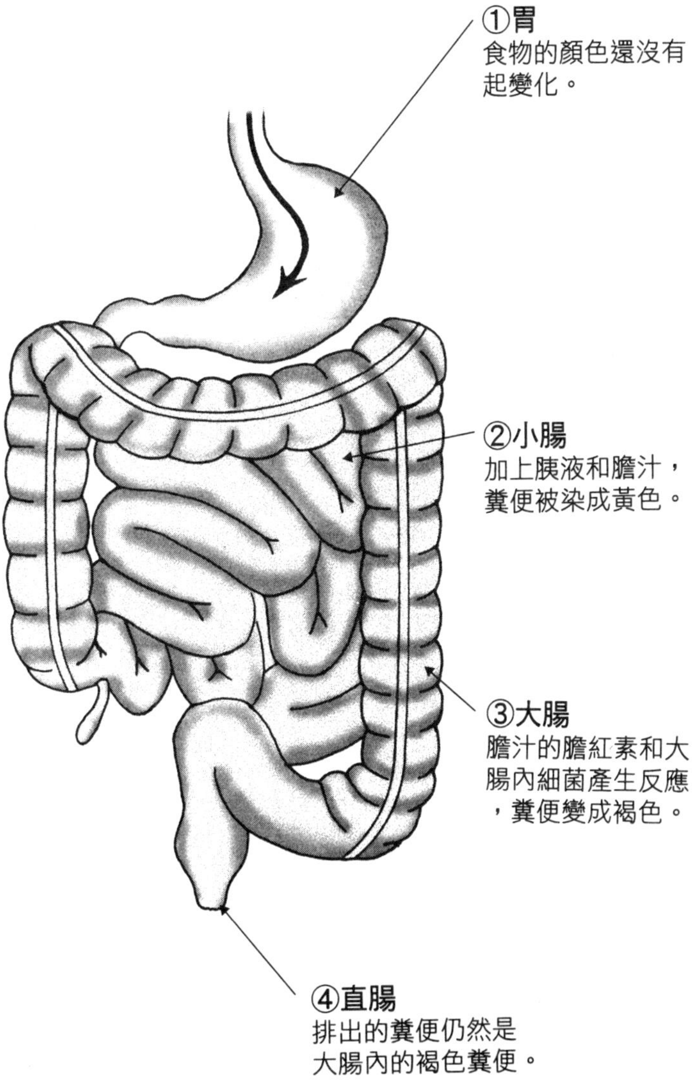
①胃
食物的顏色還沒有
起變化。
②小腸
加上胰液和膽汁，
糞便被染成黃色。
③大腸
膽汁的膽紅素和大
腸內細菌產生反應
，糞便變成褐色。
④直腸
排出的糞便仍然是
大腸內的褐色糞便。

✤忍耐沒有放出來的屁到哪裡去了？

當周遭有很多人的時候，只好忍耐著不放屁。那麼，最後屁到底到哪裡去了呢？

無法放出的屁會一直積存在腸內，一再的忍耐，腹部就會膨脹，最後爆炸……這是只有在漫畫裡才有的情況。實際上，氣體到達大腸的量較多時，會逆流回到小腸，通過腸黏膜被血管吸收，隨著血液循環體內。

最後變成什麼情況呢？它會通過肺部，最後隨著呼出的氣息一起經口排出。並不會爆炸，而是會排出。這樣讓人覺得有點骯髒，但是，人體一天產生的氣體爲四百毫升以上，如果不能夠藉由放屁排出，就會經口排出，這是不得已的處置。一旦積存在腸內的氣體無法排出，就會引起腹痛，或是引起消化器官的毛病。因此，到沒有人的地方去排出氣體，對於健康而言是最好的方法。

✤屁真的能夠燃燒嗎？

丹麥某個醫院在患者身上使用電動手術刀的瞬間引起爆炸，患者死亡。事實上，屁也是氣體，也會燃燒。

其實，屁並不是那麼容易引爆。通常屁的成分七成是經由呼吸吸收的空氣。空氣中的氧和二氧化碳被吸收到血液中，而氮則被送到腸，藉著血液滲

Science memo **屁** 當大腸積存很多的氣體時，放出的屁聲低沈而大。如果積存的氣體較少時，放出的屁聲高而小。

忍耐沒有放出來的屁到哪裡去了呢？

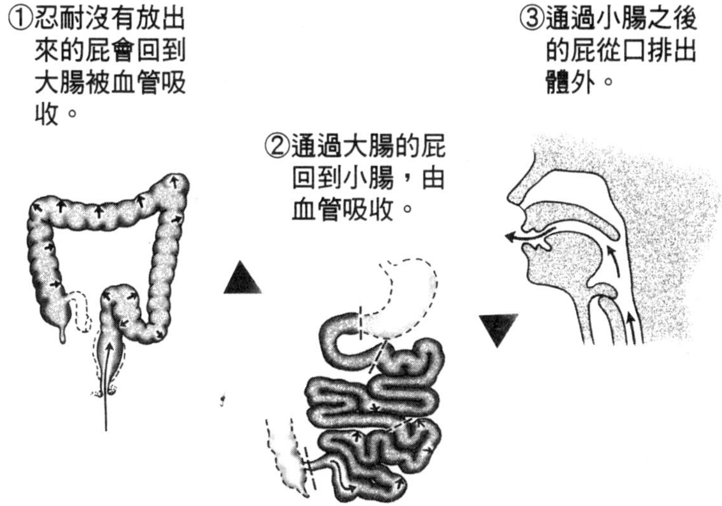
①忍耐沒有放出來的屁會回到大腸被血管吸收。
②通過大腸的屁回到小腸，由血管吸收。
③通過小腸之後的屁從口排出體外。

出的成分以及消化物的發酵和腐敗產生的氣體合而爲一形成屁。因食物及身體狀況的不同，其成分也有所不同，但是，形成的屁並不會特別容易燃燒。

不過平均三人當中有一人會放出容易爆炸的屁。爆炸的原因是**甲烷**。

甲烷並不是經由新陳代謝製造出來的，而是藉著腸內細菌甲烷生產菌的作用而發生的。這個細菌或多或少會受到遺傳的影響。

Science memo **烷**　分子式CH_4。是最簡單的碳化氫。存在於天然氣體或沼澤底部的氣體當中，或者來自於腐敗的動植物。此外，也存在於石油分解氣體、煤氣中。

3 肝臟——獨自負責「合成、分解、貯藏」三種任務的化學工廠

♣臟器中最重的肝臟的作用

肝臟是臟器中最重且極大的臟器，是人體中非常重要的臟器。

肝臟的主要作用，包括物質的合成、分解與貯藏。

由小腸吸收的營養素，在肝臟進行化學處理，吸收到體內。葡萄糖變成糖原，蛋白質分解成氨基酸，成爲適應人體的其他蛋白質。而維他命則變成人體容易吸收的形態貯藏起來。此外，氨基酸和脂肪可以製造出葡萄糖，由肝臟將其送到體內。同時，利用脂肪製造膽固醇、破壞老舊的白血球，以及貯藏血紅蛋白的材料鐵，也是肝臟的功能。

另外，就是有毒物質的分解與處理。例如酒精、藥物、食品添加物、氨等，都是藉著酵素使其無毒化而排泄掉。但是，如果解毒作用太弱，或是失去解毒作用時，有毒物質就會積存在體內，成爲病原。

✤可以製造人工心臟卻無法製造人工肝臟

具有廣泛作用的肝臟，不像心臟或腎臟可以利用人工臟器來代替。現代醫學還無法製造出能夠取代肝臟複雜而又精巧的臟器。

Science memo **肝臟是臟器中是最重且極大的臟器**

直徑約25公分，半徑約15公分，重約1200～1400公克。

肝臟具有 3 種機能

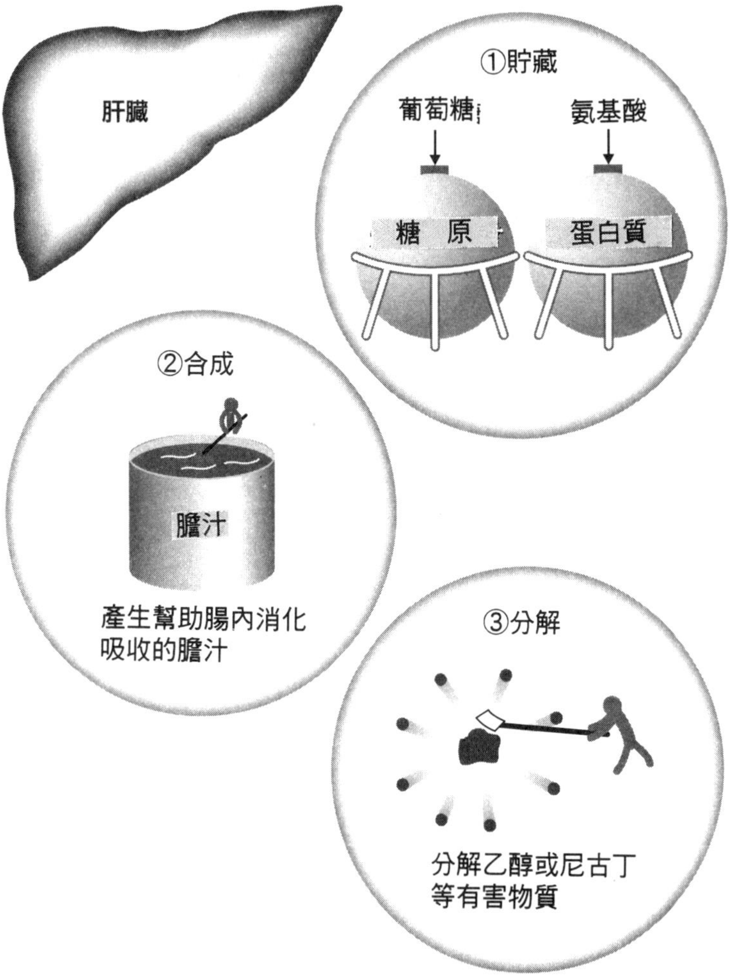

肝臟
①貯藏
葡萄糖
氨基酸
糖 原
蛋白質
②合成
膽汁
產生幫助腸內消化
吸收的膽汁
③分解
分解乙醇或尼古丁
等有害物質

進步的現代醫學也無法製造出具有如此多種功能的肝臟代用品！

✿可以增強酒力嗎？

有的人一個晚上可以喝光一升的酒，而有的人光是聞到酒臭味就覺得很不舒服。到底酒量好不好是由什麼決定的呢？

與歐美人相比，日本人等東方人不勝酒力。其理由是東方人分解乙醇的酵素比歐美人少。

乙醇藉著肝臟的酵素分爲三階段被氧化，然後排出。喝酒之後，藉著氧化反應，首先會產生毒性很強的物質乙醛。乙醛被氧化爲醋酸，最後分解爲二氧化碳與水，排出體外。在反應的全部過程中由酵素來負責，而分解乙醇的酵素量決定了是否很會喝酒。

酵素量是天生的，從出生到世上的這天，就決定好了是否很會喝酒。不過，如果經常喝酒，也許酵素功能會變得旺盛，最後變得很會喝酒。但是如果突然大量飲酒，則最初的氧化反應產生的乙醛會直接循環全身，酒直接通過肝臟到達腦，導致惡醉。

日本人一天肝臟能夠分解的酒量界限爲日本酒約一公升、威士忌半瓶。如果每天都喝這麼多，則一半以上的人會形成脂肪肝，所以酒最好少量慢慢的品嘗。

Science memo **乙醇**　碳氫的氫原子以氫氧基來替換的化合物。大家所熟悉的就是酒中所含的C_2H_5OH，也可以將其簡稱為酒精或乙醇。

乙醇的分解

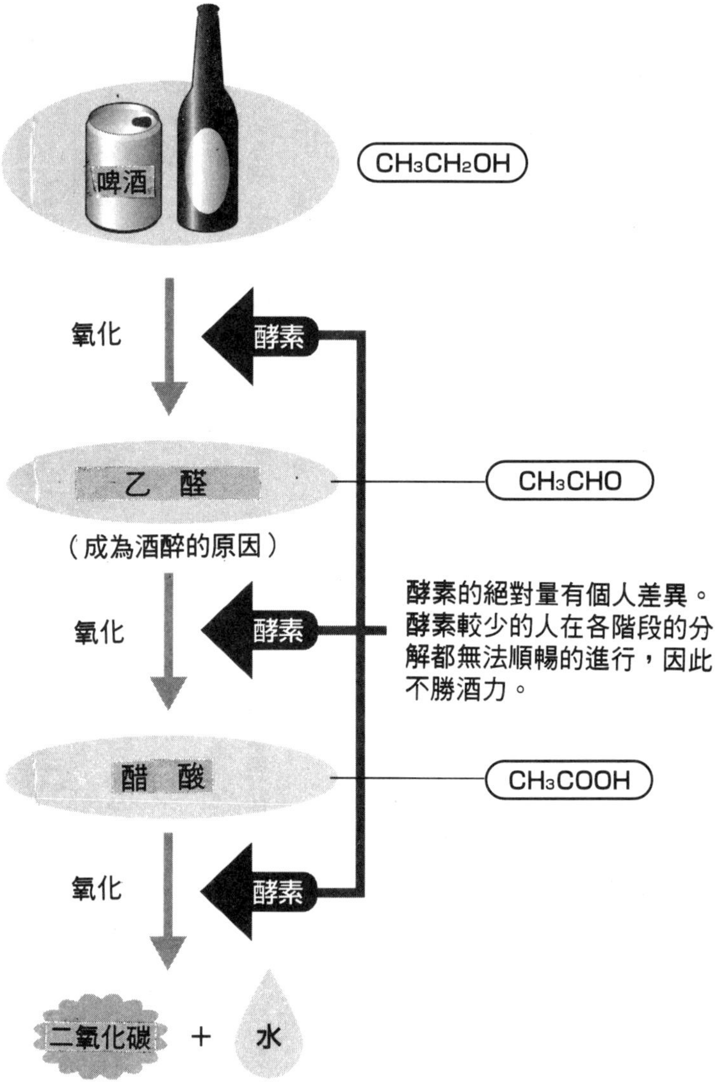

啤酒
CH3CH2OH
氧化
酵素
乙　醛
CH3CHO
（成為酒醉的原因）
氧化
酵素
酵素的絕對量有個人差異。酵素較少的人在各階段的分解都無法順暢的進行，因此不勝酒力。
醋　酸
CH3COOH
氧化
酵素
二氧化碳
＋
水

4 胰臟——使身體機能順暢運作的背後力量

♣不包括在五臟六腑中的胰臟的功能

在古希臘時，胰臟稱爲「Pancreas（Pan=一切，creas=肉）」，單純的將其視爲胃的緩衝墊的肉塊。東方醫學的「**五臟六腑**」中也不包括胰臟在內。長期以來被忽略的胰臟，其功能到底是什麼呢？

✿調節血糖值的胰臟

胰臟大致具備二種分泌機能。首先是分泌胰液的外分泌機能。當食物進入十二指腸時，十二指腸黏膜會製造荷爾蒙。這個荷爾蒙進入血液，刺激胰臟，促進胰液的分泌。而在胰臟中的腺房細胞分泌的胰液通過胰管到達十二指腸。胰液中含有分解蛋白質的胰蛋白酶、分解澱粉的澱粉酶、分解脂肪的脂肪酶，能夠幫助腸的消化，具有中和胃酸等的作用。

另外一個就是，製造荷爾蒙的內分泌機能。稱爲胰島的內分泌細胞群當中，A細胞群會分泌使得血糖值上升的增血糖素，而B細胞群則會分泌降低血糖值的胰島素。這些酵素藉著相反的作用調節血液中的糖濃度。

Science memo **五臟六腑** 五臟指心臟、肝臟、脾臟、肺、腎臟。六腑指大腸、小腸、胃、膽、三焦、膀胱。

糖尿病是如何發生的？

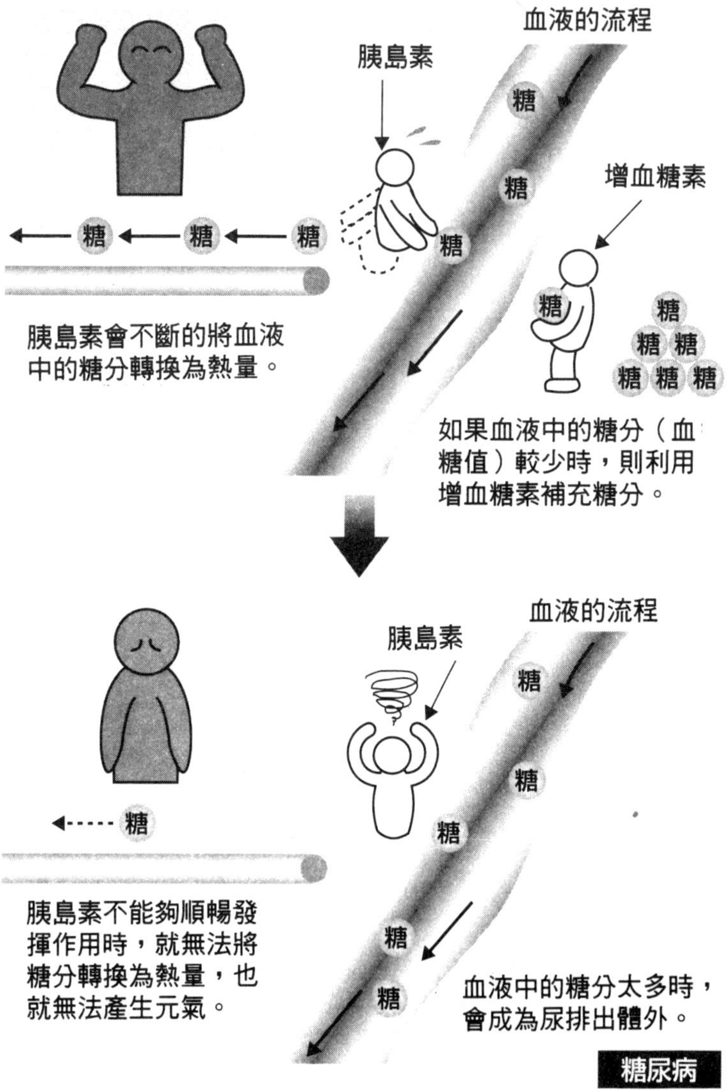
血液的流程
胰島素
糖
糖
增血糖素
糖
糖
糖
糖
糖
糖
糖
糖
糖
胰島素會不斷的將血液中的糖分轉換為熱量。
如果血液中的糖分（血糖值）較少時，則利用增血糖素補充糖分。
血液的流程
胰島素
糖
糖
糖
糖
糖
糖
胰島素不能夠順暢發揮作用時，就無法將糖分轉換為熱量，也就無法產生元氣。
血液中的糖分太多時，會成為尿排出體外。
糖尿病

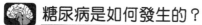

5 膽囊—肝臟的重要夥伴

♣濃縮膽汁、支援消化吸收的臟器

膽囊、腎臟或輸尿管等處會形成結石。一旦形成結石，會痛到連站都站不起來。但是想一想，竟然會有石頭在人體內滾動，這實在是很不可思議的現象。

✿為什麼體內會形成結石？

結石當中，大家比較耳熟能詳的是膽結石和尿路結石。

膽結石是指，在膽囊或是在膽囊與十二指腸相連的膽管形成的結石。結石的主要成分是膽汁中所含的膽固醇、**膽紅素**色素以及**碳酸鈣**。膽汁中的膽固醇比例較高，一旦結晶，膽汁無法順暢循環，就會積存下來。而膽紅素色素也結晶，形成膽結石。有的直徑一公分左右，有的大到四公分左右。

有時候甚至會出現一百個以上。此外，前面也說過，會產生劇痛，但是有的人則完全沒有自覺症狀。

脂肪攝取過多或運動不足導致肥胖的人，容易形成膽結石，尤以四十歲層的女性較多見。此外，壓力或不規律的生活也容易罹患膽結石。調整生活

Science memo **膽紅素** 膽汁色素的主要成分。血紅蛋白和肌紅蛋白中的血紅素分解產物。流入血中，經由肝臟形成膽汁的一部分，排泄到腸。

膽囊、膽管的構造

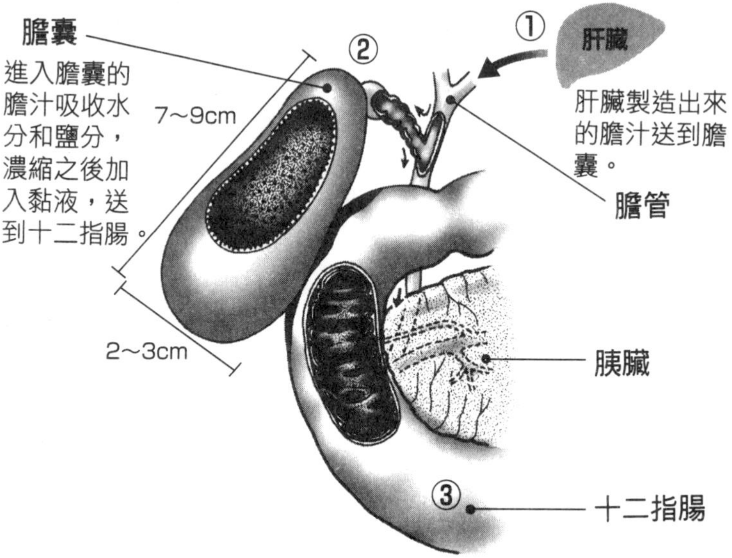
膽囊
進入膽囊的膽汁吸收水分和鹽分，濃縮之後加入黏液，送到十二指腸。
7～9cm
2～3cm
②
①
肝臟
肝臟製造出來的膽汁送到膽囊。
膽管
胰臟
③
十二指腸

的規律，才能夠防止膽結石的發生。

尿路結石，則是原本應該隨著尿一起排出體外的老廢物因結晶作用而產生的物質。以**草酸鈣與磷酸鈣**結合起來的結石最多。主要出現在二十至三十歲層的男性的體內。

發現結石時，可以用鹼性藥品使其溶解，或是利用衝擊波從外部震碎石頭，使其隨著尿一起排出。不必立刻動剖腹手術，可以暫時安心。

Science memo **碳酸鈣、草酸鈣、磷酸鈣** 化學分子式分別為$CaCO_3$、CaC_2O_4、$Ca_3(PO_4)_2$。

6 腎臟、膀胱——二個器官攜手合作保持體內乾淨

♣腎臟去除老廢物、精製尿，膀胱是尿的蓄水池

✤形成尿液的構造

在橫膈膜下方、背骨兩側的腎臟，比拳頭稍大。每一邊有一百萬個腎單位（nephron）的組織，整體以六至十分之一的程度交替發揮作用。

提到腎的功能，大家首先想到的就是製造尿。一天從心臟送出的血液當中約五分之一，也就是約一・五噸從腎動脈流到腎臟。腎臟從血液中藉著新陳代謝排出老廢物。

此外，爲了**保持身體的弱鹼性**，要去除血液中多餘的酸性物質或鹼性物質，因而形成了尿。尿先積存在膀胱中，然後排出體外。

淨化的血液則利用腎靜脈和大靜脈再回到心臟。然後再由心臟將乾淨的血液送到全身。

這就是一般人所知道的腎臟的功能。但是，腎臟的功能不僅如此。腎臟會分泌造血荷爾蒙，對於製造紅血球的骨髓發揮作用。此外，也會分泌使血壓上升或下降的酵素，調整血壓。

Science memo **保持身體的弱鹼性**　我們的身體通常保持在pH值為7.4左右。

腎臟的構造

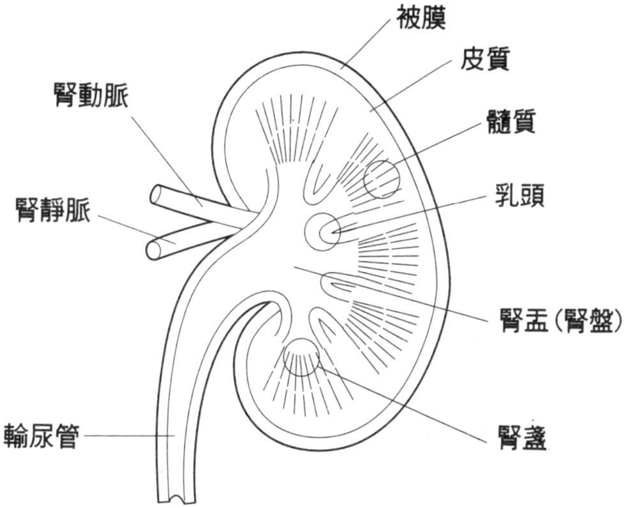

尿臟的功能

1. 讓體內多餘的物質變成尿排出到體外，淨化全身。
2. 分泌造血荷爾蒙，提升製造紅血球的骨髓的作用。
3. 分泌升血壓酵素與降血壓酵素，調整血壓。

✜為什麼緊張時會一直想上廁所?

尿是毛細血管滲出的血液成分在腎臟過濾之後剩餘的老廢物。在腎臟過濾後的尿，通過輸尿管送到膀胱，積存在二百至三百毫升時，膀胱的平滑肌伸縮，這個刺激傳達到大腦，就會引起尿意。這時大腦會考慮各種狀況，抑制尿意，但是，如果積存到五百至六百毫升時，就很難忍受了。

通常對於膀胱的刺激信號會傳達到大腦，產生尿意。但是，在緊張時會出現相反的現象，也就是，大腦的興奮狀況會傳到膀胱，使膀胱產生伸縮運動。這時與殘尿量無關，只要膀胱引起伸縮，就會想上廁所。即使上廁所，也只會排出少量的尿。但是，上廁所這個行動本身就會使自己得到放鬆，因此，在這種情況之下還是多跑幾趟廁所吧！

✜尿的顏色依狀況的不同而有不同

因日子及時間帶的不同，尿的顏色也會產生微妙的變化。爲什麼尿的顏色會出現不同的變化呢？

尿的黃色，是由蛋白質、血紅蛋白、肌紅蛋白分解後殘留下來的老廢物尿色素造成的。尿中的尿色素會因身體狀況的不同而產生量的變化，所以尿色會改變。

早上起床時排出的尿是深黃色，這是因爲尿長時間積存在膀胱裡濃縮而

Science memo **肌紅蛋白**　在肌肉細胞中的血紅素蛋白質，和血紅蛋白非常類似。

緊張時的尿意

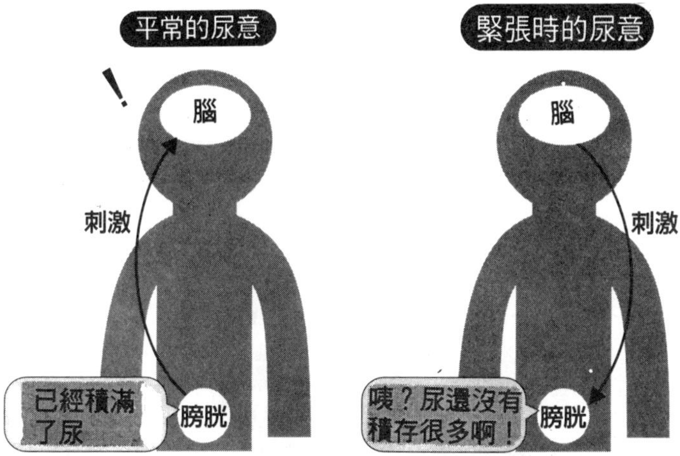

膀胱將有尿積存的事情傳達到腦，腦引起尿意。

腦的興奮狀態傳達到膀胱，引起伸縮運動。

造成的。此外，大量流汗而只有水分排出體外時，尿色也會比較深。相反的，攝取大量的水分時，尿色素被稀釋，因此尿色比較淡。

尿的顏色會立刻反應出身體的變化。身體健康時，尿的顏色比較深，呈黃色。而出現茶褐色或紅褐色的尿，則是身體的危險訊號，要立刻就醫。

Science memo **尿色素**　在成為尿色素之前是無色透明的尿色素原，氧化之後變成黃色的尿色素。

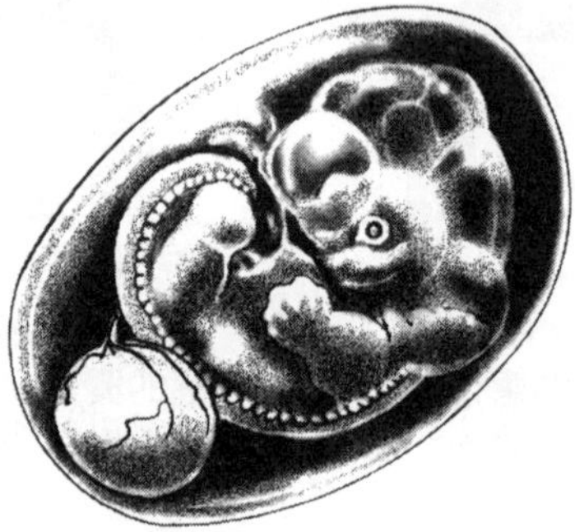

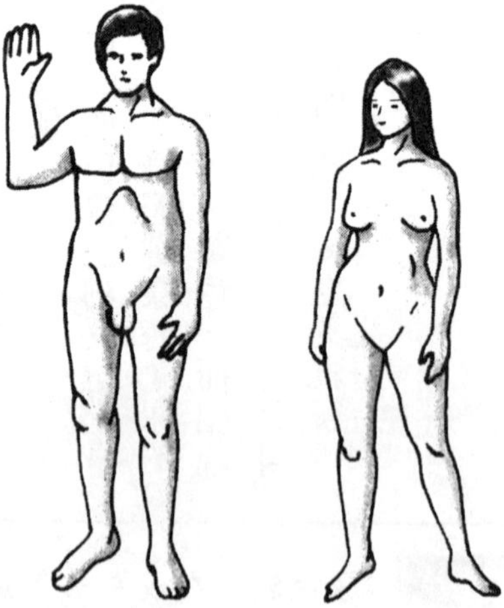

PART
5

「生殖器官」

巧妙的構造能夠「保存種族」創造生命的男與女的構造

- ☞ 為什麼睪丸會垂掛在體外？
- ☞ 生理真的會傳染嗎？
- ☞ 男人原本是女人嗎？
- ☞ 身心的不一致是如何發生的？
- ☞ 莫札特的音樂真的對於胎教很好嗎？

1 男性生殖器──生命的根源、持續製造精子的工廠

♣和肺一樣，左右睪丸的大小有微妙的差距

✤睪丸垂掛在體外的理由

垂掛在男性股間的球狀袋陰囊，裡面睪丸製造的精子，暫時貯存在附睪丸。爲什麼睪丸不像卵巢一樣存在於體內而是垂掛在體外呢？

製造精子的適溫爲三十五℃，也就是，比體溫更低的溫度最適合生產精子，所以，睪丸才會垂掛在體溫很難傳達到的位置。相反的，太冷時肌肉和皺褶會收縮，讓陰囊與身體緊密接合，得到熱。

但是，在陰囊表面的許多皺褶，是需要保持穩定溫度的重要構造之一。擴大的表面積容易分散熱，具有車子散熱器的作用。此外，陰囊的皮下脂肪較少、汗腺較多，這也是爲了容易散熱以保持最適當溫度的緣故。

左右睪丸的大小通常是不同的，這是爲了防止走路互相碰撞。左睪丸比較大，所以大多數的人左睪丸的位置比較低。但爲什麼左邊的睪丸比較大，其理由則不明。

✤早晨醒來陰莖勃起的人是做了春夢嗎？

Science memo **精子**　我們所說的精子，依動物的不同形狀也有所不同。此外，羊齒植物等也有精子。

陰囊的伸縮

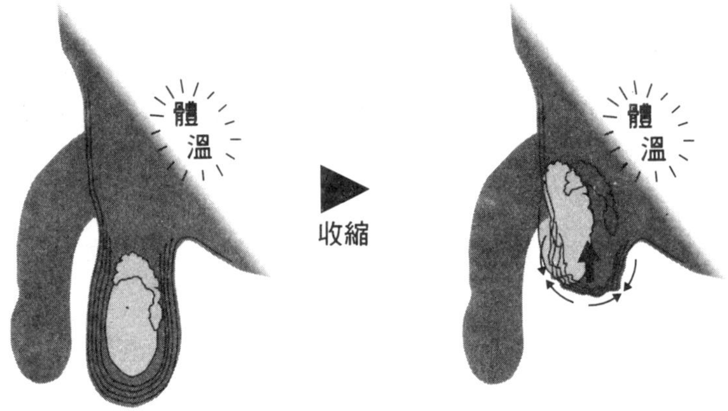

為了保持比體溫稍低的溫度，平時會略微下垂。

太冷時皺褶會收縮、貼近身體，得到體溫。

雖然沒有做春夢，但是早上醒來陰莖卻勃起，這是男性身體神奇的現象之一。

人在睡眠時，大約每隔九十至一二〇分鐘會進入睡眠較淺的**速波睡眠**狀態。在剛清醒時還會持續這種狀態，因此會出現早晨勃起的現象，這和夢的內容無關。

此外，在即將起床之前膀胱積存尿，腰髓的勃起中樞受到刺激，因此也會勃起。總之，早晨勃起是健康和年輕的證明。

Science memo **速波睡眠** 參照28頁。

2 女性生殖器──孕育新生命的女性身體的神奇

♣男性很難了解的女性的生理

✿據說「生理會傳染」，是真的嗎？

關於女性，有人說經常一起行動的女性朋友們甚至連生理期間都相同。不知道你是否贊成這種說法。不過，在青春期女性之間被視爲秘密的「生理傳染說」並不是迷信。

人類的皮膚有二三〇萬個汗腺。汗腺有二種，一種是會產生水分，調節體表溫度的**小汗腺**。另外一種是**頂泌腺**，在乳頭、陰部、腋下等處較多。也稱爲體臭腺的頂泌腺，會流出臭味特別強的汗。而這個體臭會將生理期傳染到其他朋友的身上。

體臭和性週期有密切的關係。尤其在青春期之後，頂泌腺所發出的臭味具有吸引異性的作用。而女性之間受到聞到臭味的人的性週期的影響，自己的性週期也會和發出臭味的人同調。

✿為什麼經血不會結痂？

當凝固的血液附著在皮膚上，形成傷口時，我們就會注意到這個擦傷的

Science memo **小汗腺**　汗腺的一種。皮膚表面分布了200萬條以上。除了人類以外，哺乳類有在腳底等比較例外的地方會分泌小汗腺。

生理會傳染嗎？

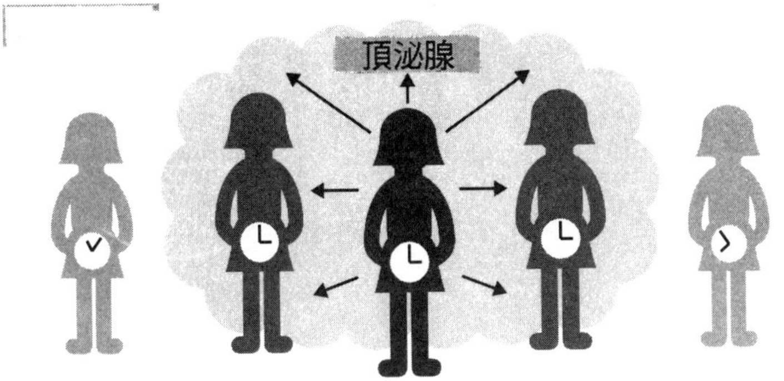

聞到頂泌腺氣味的人，會和發出該氣味的人出現同調的性週期。

部分。像這樣的小傷口，可以藉著血液中的血小板及十二種血液凝固因子互助合作而止血。

但是，經血卻不會凝固，因爲它並不是一〇〇%的血液。

生理是指爲了懷孕，讓受精卵容易著床而增殖的子宮內膜，因爲體內沒有受精，變得不需要而剝落，成爲和血液一起排出體外的物質。

雖然有個人差異，但是，大約以一個月爲週期而反覆出現。其中經常會出現滲雜有血液的塊狀物，這就是不需要的子宮內膜。

生理時出現的液體，半數以上都是子宮內膜的黏液或滲出液，而且其中含有破壞血液凝固因子的酵素，因此不會形成結痂。

Science memo **頂泌腺**　人類的汗腺分為頂泌腺和小汗腺2種，頂泌腺分布於腋下和陰部。除了人類以外，哺乳類的汗腺幾乎都是頂泌腺。

✿女性生理前容易生氣的科學根據

很多女性在生理期前會突然變得焦躁易怒。男性認爲這是不可解的現象，那麼這到底是怎麼發生的呢？

先說明一下排卵的構造。下垂體分泌的促卵泡激素刺激了卵巢，使得卵巢內的卵泡開始成長，成熟卵泡中的**卵子**釋出，這就是排卵。雖然是排卵，但是如果沒有懷孕，則**子宮內膜**就會剝落，引起生理期。

排卵時形成其卵泡的陷凹處會出現變化，形成黃體。黃體分泌的黃體素就是使得生理期前的女性變得焦躁的原因。

在生理期的前一週，旺盛分泌的黃體素會使體溫上升，導致身體浮腫。這個時期，已經完成受精準備的子宮內膜增厚，因此覺得肚子發脹。

女性在生理期時容易焦躁，就是因爲身體的不適感影響精神狀態而造成的。

✿可以用處女膜來判斷貞操嗎？

以往貞潔女性的證明就是處女膜。但是，其並不是真的張著一層膜。處女膜是指覆蓋於陰道入口黏膜質的半月狀皺襞。其內側有靜脈，在初交前一旦受到強烈的刺激，就會出血。

在幼兒期女性身體還未完全發育的時期，處女膜具有防止異物插入的作

Science memo **卵子**　卵子在從卵泡釋出後的幾小時內才有受精的能力。如果這個時期沒有遇到精子，就不可能懷孕。

生理前焦躁的原因在於黃體素

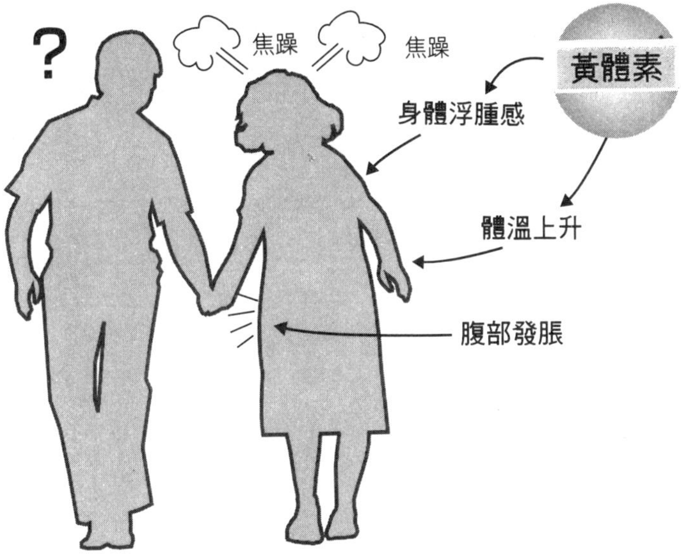
?
焦躁
焦躁
黃體素
身體浮腫感
體溫上升
腹部發脹

用，然而成長到青春期的時候，就容易破裂。因爲這時有體力，運動量也較多，因此容易造成處女膜破裂。

激烈的運動可能使得處女膜破裂，所以用處女膜來判斷女性的貞操是錯誤的觀念。

✿乳房的內容是什麼？

在夏天海邊吸引男性視線的是女性的乳房，因此許多女性會在這方面下工夫。幫助嬰兒成長的乳房，也是象徵女性的乳房，其內容九成是脂肪，一成是乳腺。

Science memo **子宮內膜**　遍布於子宮內側的膜。接受卵泡素的作用，細胞不斷的增殖，做好懷孕的準備，具有讓受精卵容易著床的緩衝墊的作用。

女性的乳房看起來鬆軟，但揉捏時會有硬硬的感覺，那就是乳腺葉，亦即將來分泌乳汁的部分。在一個乳房中有十幾個乳腺葉，過了青春期到成人期時，藉著黃體素的作用而發達。在這個時期，促卵泡激素的功能旺盛，刺激卵巢，使得卵泡素分泌，形成女性豐滿的乳房，同時乳汁的通道乳管也迅速成長。

懷孕時，下垂體會分泌**乳汁分泌荷爾蒙**。乳牛每天都會出乳，就是藉著這個荷爾蒙的作用造成的。

但是，懷孕時還不會產生母乳，這是因爲在子宮內形成的胎盤，會產生抑制乳汁分泌荷爾蒙的荷爾蒙。

生產後，胎盤和胎兒一起排出體外，抑制乳汁分泌的荷爾蒙被去除，就會分泌出乳汁。

產後在一定的期間內會分泌出乳汁，很自然的會弄濕內衣。而藉著嬰兒的吸吮刺激，能夠促進乳汁的分泌。

刺激乳汁分泌荷爾蒙和使得乳房肌肉收縮的下垂體的荷爾蒙，就能夠在授乳時使得乳汁順暢的分泌出來。

Science memo **乳汁分泌荷爾蒙** 促進乳汁分泌的荷爾蒙。是指催乳激素。

為什麼懷孕時不會分泌乳汁？

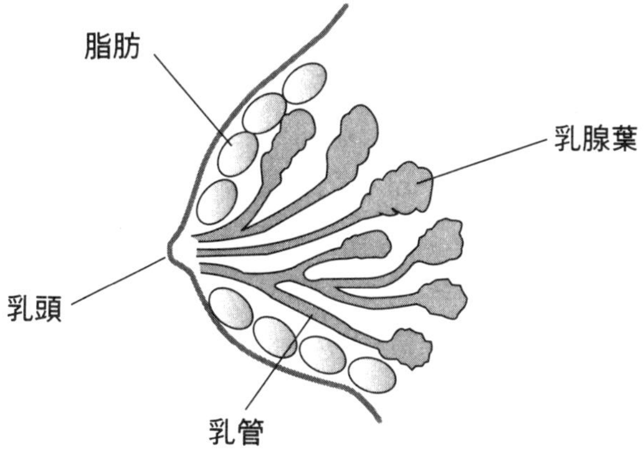

脂肪
乳腺葉
乳頭
乳管

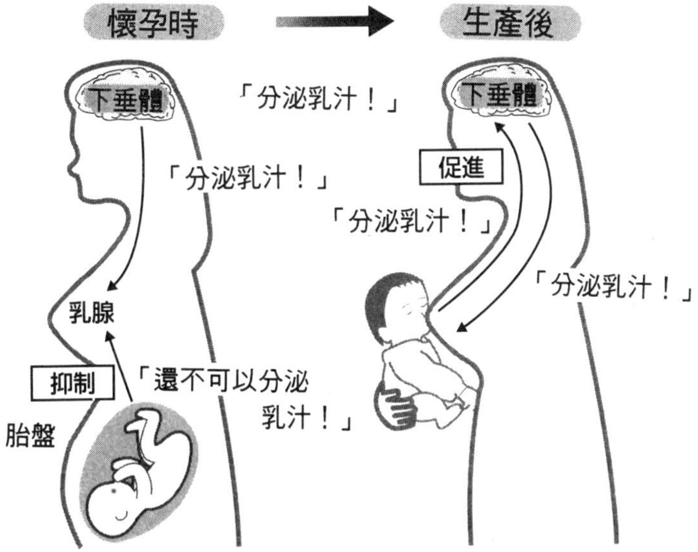

懷孕時
生產後
下垂體
「分泌乳汁！」
下垂體
「分泌乳汁！」
促進
「分泌乳汁！」
「分泌乳汁！」
乳腺
抑制
「還不可以分泌乳汁！」
胎盤

由胎盤分泌的荷爾蒙，抑制下垂體所分泌的乳汁分泌荷爾蒙的作用。

嬰兒吸吮乳頭的刺激，使得乳汁分泌荷爾蒙活化。

3 性交——男女互相吸引的構造

♣為了繁衍子孫而產生巧妙構造的性行為

✤吸引異性是為了繁衍子孫

人生在世不可避免的就是死亡。生物藉著能夠創造出與自己非常接近的生命體來延續種族。而負責重要任務的就是DNA。藉著DNA代代相傳，就可以將種族所具有的特性留傳給後世。

關於DNA的誕生，眾說紛紜，不過最有力的說法，則是單純巧合而自然發生的。在原始大氣中的打雷等放電現象產生氨基酸，氨基酸聚集在遠古的海中產生了DNA，最後誕生了單細胞生物。這就是生命的起源。

單細胞生物反覆進行細胞分裂，複製DNA而增殖，但是，在長久的增殖過程當中引起了突變。它大約花了四十億年的歲月，反覆出現好幾次的突變，慢慢進化，最後誕生了人類。

剛誕生DNA時的生殖是**無性生殖**，也就是未進行交尾的生殖。只有母體一部分的細胞分裂，將身體一分爲二，繁衍子孫。這時的生命體會一〇〇%繼承原先生命體的基因，只有在與父母相同的環境中才能夠生存。但這麼

Science memo DNA　去氧核糖核酸。成為基因本體，與遺傳資料的保存及複製有關。和核糖核酸（RNA）同樣支配生物體的種族及組織內固有的蛋白質合成。

避免種族滅絕的有性生殖

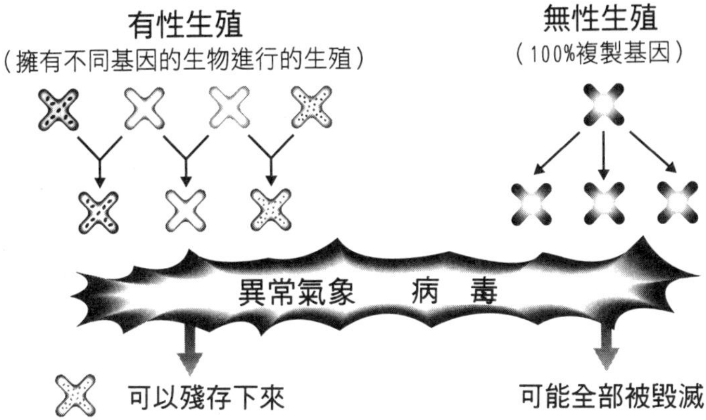

有性生殖
（擁有不同基因的生物進行的生殖）
無性生殖
（100%複製基因）
異常氣象　病　毒
可以殘存下來
可能全部被毀滅

一來，如果出現異常氣象或是環境變異時，則相同的基因全都無法應付變化，最後就會全部滅亡。爲了繁衍子孫，因此要增加具有各種DNA的子孫以適應各種環境。

因此，誕生了雌性和雄性的生物。但是，像低等動物的雌雄同體，則是由雌性和雄性進行生殖，可是卻擁有相同的基因，因此環境適應力較差。

然而再繼續進化，形成完全獨立的雌性和雄性，兩者之間靠交配達到生殖的目的，就是有性生殖。

因爲是不同排列的DNA結合，所以子孫的DNA各有不同。例如，會出現耐熱或耐寒等個體差異，即使因爲某種理由而使得地球天氣驟變，也會有一些子孫能夠傳承下來，不會全部滅亡。

Science memo **無性生殖**　孢子生殖、二分裂生殖或發芽生殖等。

男女互相吸引，可以說是爲了繁衍種族的自然規律。

✤人類的性行為複雜化的理由是什麼？

雖然性行爲經常被比喻爲像野獸一般，但是，動物當中沒有比人類的性行爲更複雜的生物了。除了保存種族的目的之外，男女也爲了提高快感而進行性行爲。當然其理由有很多，可能和腦及智能的發達有密切關係吧！理由之一是具有能夠互相溝通的腦，另外一個理由就比較複雜了。

隨著腦的發育，人類必須度過非常長的幼兒期。而孕育子女的女性以及支持這段期間生活的男性，兩人必須長期交往，而其**手段**就是追求快感的性行爲吧！

✤為什麼精子不會受到淋巴的攻擊？

一一六頁說過，免疫系統具有區別自己組織和他人組織的作用。而經由性行爲進入女性身體的精子是他人的組織，可是爲什麼不會產生免疫反應呢？

事實上，淋巴球也會爲了製造出對抗精子的抗精子抗體而展開活動。但是精子卻能夠平安無事，這是因爲精液中有保護物質的緣故。這個物質在女性身體中抑制了抗精子抗體的形成，阻止了淋巴球的活動。

另一方面，女性則會製造出被膜保護精子。如果無法順暢發揮機能，使得精子被殺死，就會形成不孕症。

Science memo **手段**　最近無性生活的夫妻增加了，這也是少子化的原因之一，是不容忽視的問題。

競爭率3億倍的受精戰爭

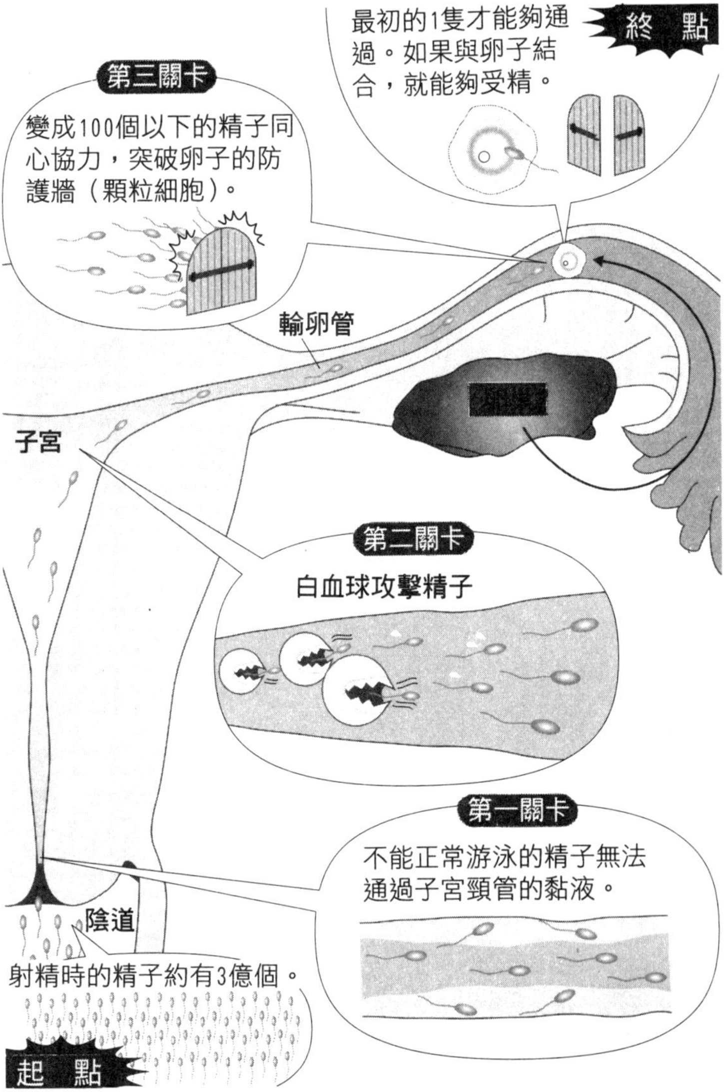
終 點
最初的1隻才能夠通過。如果與卵子結合，就能夠受精。
第三關卡
變成100個以下的精子同心協力，突破卵子的防護牆（顆粒細胞）。
輸卵管
子宮
第二關卡
白血球攻擊精子
第一關卡
不能正常游泳的精子無法通過子宮頸管的黏液。
陰道
射精時的精子約有3億個。
起 點

4 男與女——人類留下子孫的巧妙系統

♣性別是由一對染色體來決定的

✿男人原本也是女人

人體有六十兆個細胞。每一個細胞核都是具有ＤＮＡ的染色體。四十六條染色體兩兩成對，二十三對當中二十二對爲常染色體，一對爲性染色體，決定性別的就是性染色體。男性以ＸＹ來表示，女性以ＸＸ來表示。

受精時，精子和卵子進行**減數分裂**，各染色體的數目變爲一半，二十三條。雙方各一半的染色體再互相附著在一起，成爲四十六條染色體。性染色體有ＸＸ、ＸＹ兩種組合。母親的性染色體都是Ｘ，而父親則有Ｘ與Ｙ二種。因此，性別的決定在於精子。

性別就是以這個方式決定的，男女身體特徵的形成是更早的事情。胎兒的性器則男女的形狀相同，有小的陰蒂和陰裂。在第二十四週時，接受到Ｙ染色體訊息的髓質發育形成睪丸。接下來的發育，則是由睪丸所分泌的男性荷爾蒙造成的。

男性是由女性身體變化而來的。由此可知女性的強大。

Science memo **減數分裂** 染色體數目減半的細胞分裂。也稱為還原分裂或成熟分裂。

生男或生女與男性的Y染色體有關

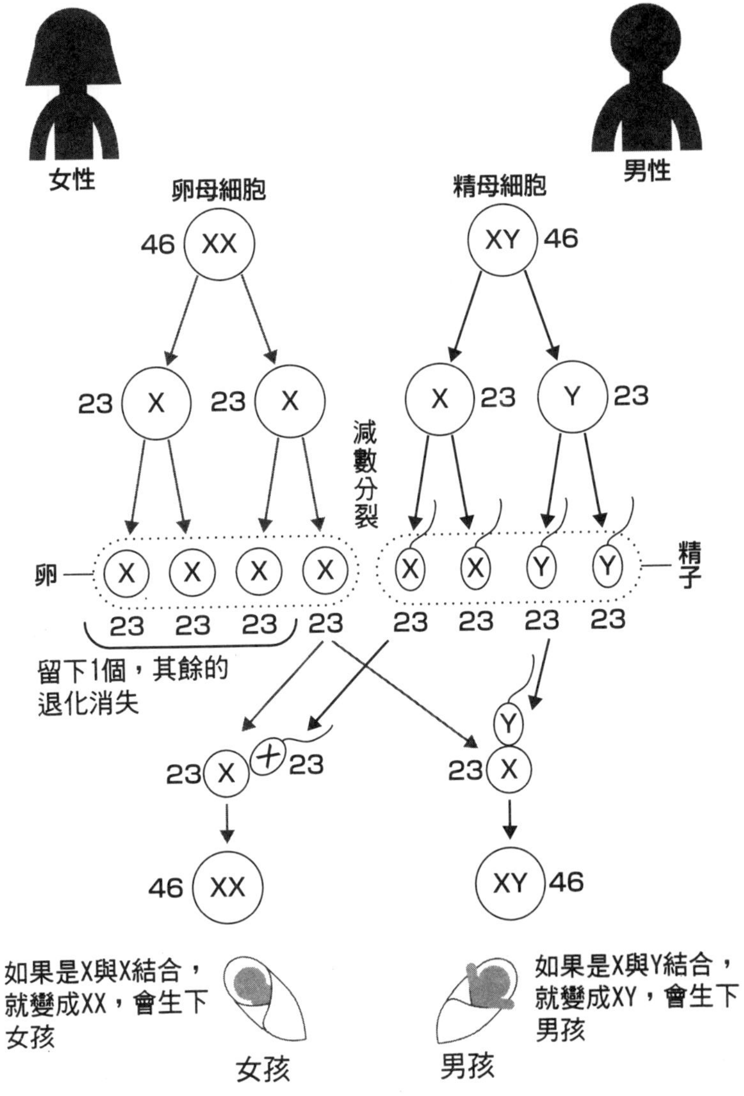

✿在懷孕第幾個月時可以知道是男是女?

五十至七十μ(微米,一μ=一千分之一毫米)的精子和〇·二五毫米的卵子受精。它們一邊分裂,同時一邊到達子宮內膜著床,成爲小細胞的結合體。日積月累,變化爲人的形狀,慢慢成長,形成各種組織。而男女性別的區分,到底在母親體內經過多少時間之後才會知道呢?

受精卵反覆進行細胞分裂,在三至四天內到達輸卵管內。受精後到達子宮內,直到在子宮內膜著床爲止,需要花七天的時間。著床後的受精卵形成一百多個細胞群,這個狀態稱爲胚芽。到了第三週時形成腦。腦的形成時間在臟器當中最長,需要花九個月的時間。到了第四週時,成長細胞群變成如魚般的形狀,甚至可以看到尾巴和鰓。心臟、血液、肌肉、骨骼等的生成也是從這個時候開始的。身長大約〇·七毫米。母親開始孕吐,大概在第五週時才知道自己懷孕了。第八週時已經完成了手指、腳趾,也開始形成性器和耳朵。性器的形成大概在第十二週時,到了第二十四週時,腎臟、卵巢或精巢的構造也大致完成。

人體的形成需要花三十二週。到了第三十六週時,胎兒的體長爲五十公分,體重三千公克,這時爲了準備生產,頭下降,形成蹲坐的姿勢。本來是連肉眼都無法看到的小細胞,花了十個月的時間形成人體。到了第三十八週

Science memo **誕生生命** 關於預產期月份的計算方法是,最後一次月經的月份減3(無法減則加9)。預產期日子的計算方法則是,最後一次月經日加7(如果超過這個月則遞增到下個月)。

胎兒的成長

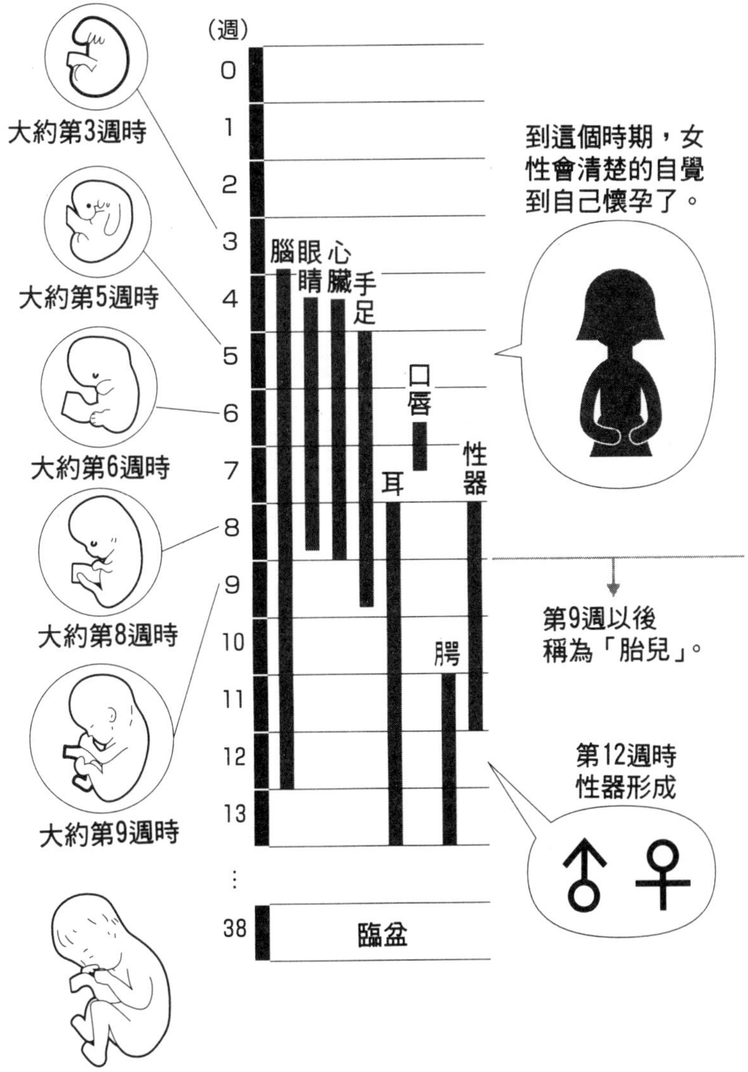
大約第3週時
大約第5週時
大約第6週時
大約第8週時
大約第9週時
(週)
0
1
2
3
4
5
6
7
8
9
10
11
12
13
38
腦
眼睛
心臟
手足
口脣
耳
性器
腭
臨盆
到這個時期，女性會清楚的自覺到自己懷孕了。
第9週以後稱為「胎兒」。
第12週時性器形成
♂ ♀

時臨盆，接著就誕生生命。

✤身心不一致的原因在於母胎嗎？

世上有很多人只能夠愛同性的人。近年來在美國等地也會舉辦一些同性戀遊行，甚至出現很多同性戀的名人，這也使得大家對同性戀的偏見減輕了。

有人說在只有同性圍繞的環境中成長的人，或是因爲個人嗜好才會出現同性戀。不過還有**各種不同的說法**，例如，有很多人認爲是在胎兒時期受到來自母體性荷爾蒙的影響所造成的。

受精後四至七個月內分化爲男性型與女性型的腦。這時期如果男性無法接收足夠的男性荷爾蒙，或者女性無法接受足夠的女性荷爾蒙，則與身體無法吻合的精神就會存在於心中。

像這種性荷蒙的異常，可能是基因異常造成的，而孕育胎兒的母體的精神狀態也會造成極大的影響。根據某項調查，顯示第一次世界大戰以後，德國孕婦所生下的孩子中有很多同性戀者。這可能是因爲戰爭使得母親精神狀態不穩定，荷爾蒙分泌異常而造成的結果吧！

如果家族當中有同性戀者，則生下同性戀小孩的機率會比較高。也有人說同性戀和遺傳有關。

Science memo **各種不同的說法**　有人認為X染色體存在著會喜歡男性或女性的基因。

同性戀是母體中的荷爾蒙造成的影響嗎？

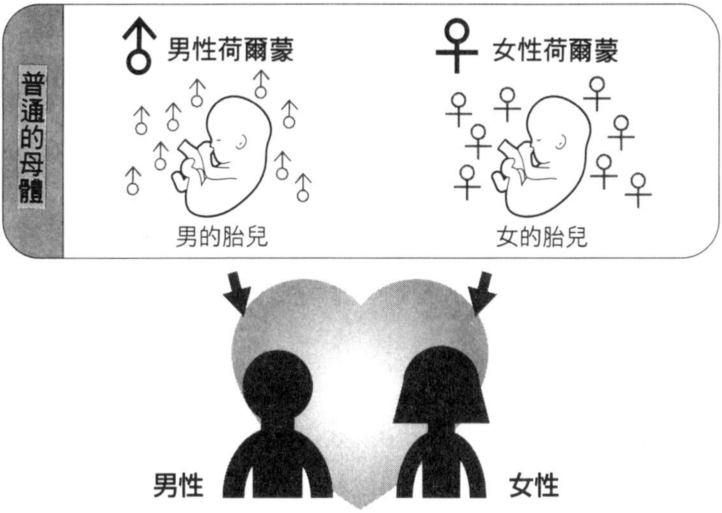
普通的母體
男性荷爾蒙
女性荷爾蒙
男的胎兒
女的胎兒
男性
女性

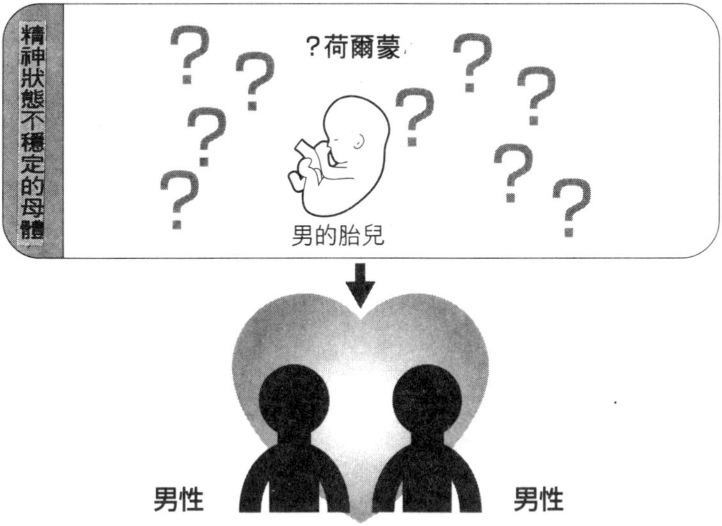
精神狀態不穩定的母體
?荷爾蒙
男的胎兒
男性
男性

5 胎兒——寄宿在母親體內大約三六週的生命

♣一百多個細胞群變成身高五十公分、體重三千公克的嬰兒

✿孕吐的構造

提到孕吐，很多人會出現因爲想吐而跑到廁所去吐的女性的印象。在懷孕初期的代表就是「愛吃酸的東西」、「容易下痢或便秘」、「焦躁」，而孕吐也是其中一種症狀。現在仍然不明白孕吐的原因是什麼，不過據說和胎盤有密切的關係。

胎盤是由圍繞胎兒的卵膜和母體的子宮內膜合成的。經由母親的血液攝取胎兒成長所需要的養分和氧，同時在母體發生異常時，也能夠藉著胎盤保護胎兒。

胎盤在受精後四至五週開始生成，在第十三週完成。胎盤的生成與完成和孕吐發生與停止的時期相吻合，因此，很多人認爲胎盤始終控制著懷孕的過程。受精後不久母體將胎兒視爲異物，會產生排斥反應而引起孕吐。但胎盤對胎兒有免疫機能，所以有人認爲在胎盤完全生成後，孕吐就會停止。

此外，腦所負責的分泌荷爾蒙的任務，在懷孕時似乎由胎盤來進行。也

Science memo **懷孕**　受精卵無法順利的進入子宮內，而移動途中在輸卵管或卵巢著床，就稱為子宮外孕。這時可能會引起流產或輸卵管破裂。

孕吐的原因在胎盤嗎？

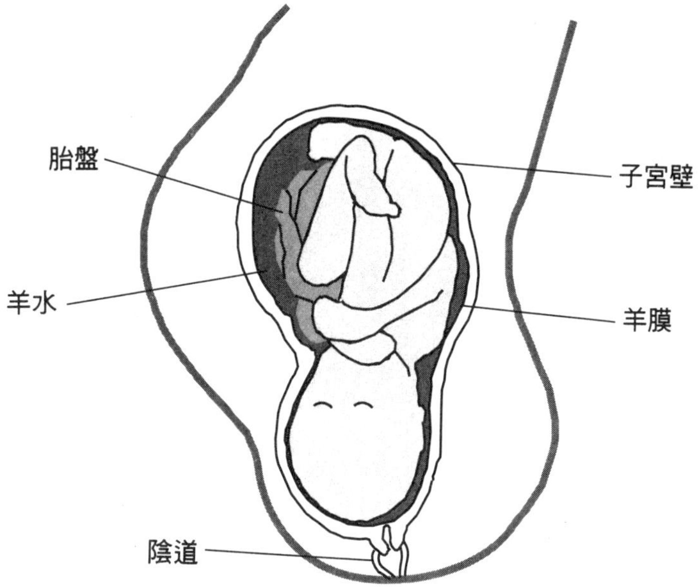

說法1

到胎盤完全生成之前，對於母體而言胎兒是異物，所以會造成孕吐。

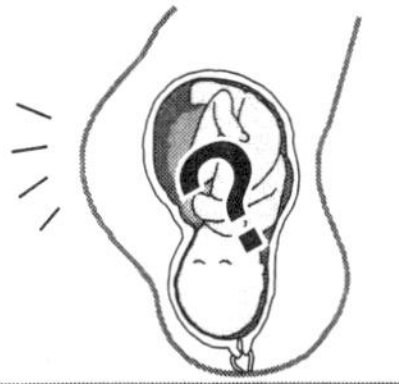

說法2

腦所負責的分泌荷爾蒙的作用，在懷孕時由胎盤負責，因為荷爾蒙的平衡瓦解而引起孕吐。

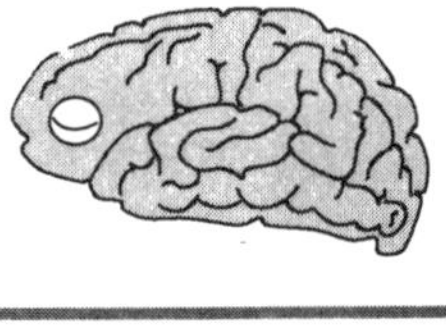

許是因爲荷爾蒙的平衡出現變異而引起孕吐吧！

✤陣痛是如何發生的？

妻子挺著大大的肚子，覺得很痛苦，在一旁的丈夫慌了手腳，不知道該如何是好。像這樣的場面在影視畫面上經常看到。

令妻子難忍的劇痛，會在懷孕的第三十六週之後出現。由下垂體分泌的催產素荷爾蒙，會直接對子宮的細胞產生作用，使子宮收縮。子宮頸部開始擴張時，就會產生劇痛。這就是陣痛。在需要花半天以上的時間才能夠生產的過程中，陣痛會一直持續出現。

女性能夠忍受疼痛，是因爲擁有爲了讓新生命誕生而具備的忍耐力。

✤莫札特音樂對胎教很好的理由

相信大家都聽過不少的古典音樂名曲。那麼，爲什麼莫札特的音樂對胎教比較好呢？

當肌肉收縮或神經受到刺激時，會有微量的電流通過人體。腦所產生的電氣的電壓波稱爲**腦波**，包括α波、δ波、θ波三種。放鬆和感覺喜悅時會產生許多的α波，對腦有好的影響。

利用莫札特的音樂進行胎教，會產生很多的α波。胎兒的腦在受精後的第三週就開始生成，九個月之後大致完成。在這個時期，會將外部的聲音當

Science memo **催產素**　一種神經荷爾蒙。貯藏在下垂體後葉。使得子宮平滑肌收縮，促進分娩，刺激乳腺的肌纖維使乳汁分泌的荷爾蒙。

莫札特的音樂對於胎教造成的影響

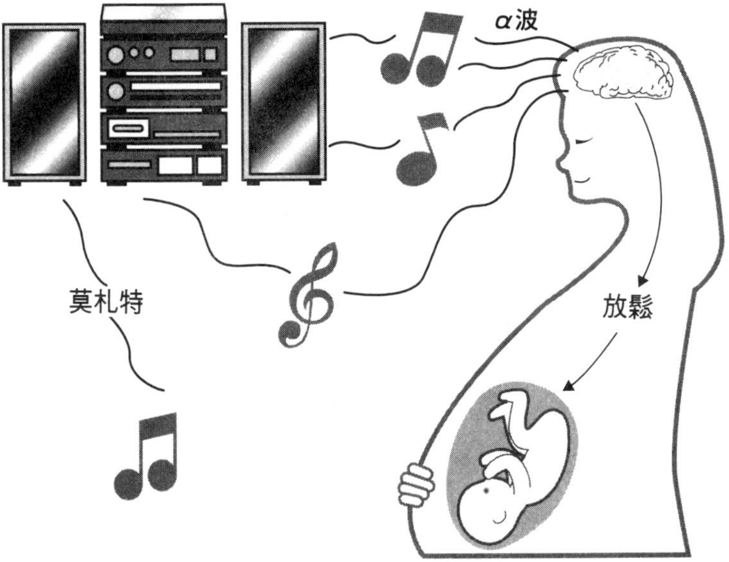

成一種刺激來認知。在母體內受到的刺激，於日後會對人格造成影響，因此會產生很多α波的莫札特的音樂，最適合用來進行胎教。

但必須注意的是，母體的反應會對胎兒造成極大的影響。胎兒在較早的時期就能夠敏感的反應出母親情緒的起伏，因此，即使莫札特的音樂對於胎教很好，可是如果母親不能夠把它當成很愉快的音樂來接受，則不但無效，甚至可能會造成反效果。

Science memo **腦波** 由腦發生的少量電氣的電壓。成人在心情穩定的狀態下為30~60微伏特，以每秒8~13的週期形成波。在思考中較快速，在睡眠中則較慢。

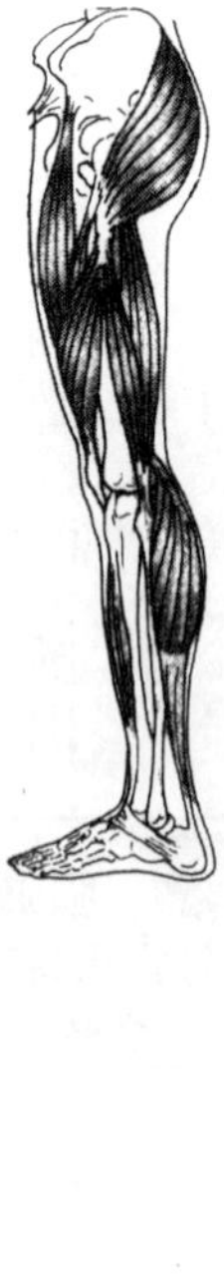

PART
6

「外皮・骨骼・體毛」

保持身體正常的調整器官
保護人體的外壁與支撐人體的支柱

☞ 禿頭的人也有頭皮屑嗎？
☞ 人的肌肉有紅肉和白肉之分！
☞ 肩膀酸痛是怎麼發生的？
☞ 為什麼脛骨會疼痛？
☞ 為什麼黑髮會變白髮？

1 皮膚——保護肉體的塗料

♣如果將成人的表皮攤開來，大約有一張榻榻米大的面積

✿泡脹的皺紋和年紀大了之後的皺紋不同

在洗澡水當中泡太久，手指內側的皮膚泛白，出現皺紋，讓人覺得怎麼突然只有手的年紀變大了。

皮膚的最外側有稱爲角質層的死亡細胞層。尤其是手掌與腳底，與其他的部分相比，角質層比較厚。

長時間泡在洗澡水當中，角質層因爲吸收水分而膨脹，表面積擴大。而手掌的角質層很厚，比其他部分吸收到更多的水分，因而面積也擴大，皺紋比較明顯。但是，角質層下面活的細胞不會吸收水分，因此，過一會兒之後就會恢復原狀。看手相時，手掌的指紋是只有在表面的皺紋的變化。

此外，年紀大了之後的皺紋和泡水膨脹後的皺紋在構造上是不同的。老人的皺紋是因爲皮脂腺無法分泌脂肪，皮膚乾燥，**真皮**失去彈性而形成的。原因是皮膚本身的衰老。遺憾的是，這無法復原。想要延遲皮膚的老化，就必須要持續攝取能夠促進膠原蛋白合成的維他命C。

Science memo **真皮**　夾在表面與皮下組織之間的部分。存在著產生脂肪的脂腺細胞、立毛肌、頂泌汗腺及毛球部等。

皮膚的切面圖

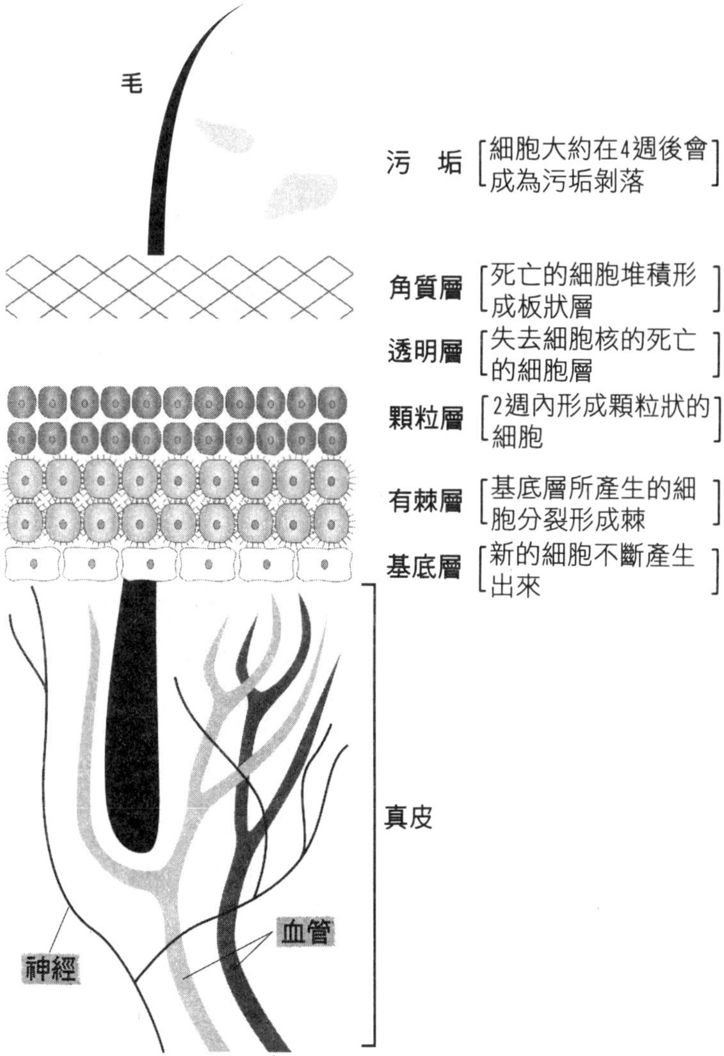

毛
污　垢
細胞大約在4週後會成為污垢剝落
角質層
死亡的細胞堆積形成板狀層
透明層
失去細胞核的死亡的細胞層
顆粒層
2週內形成顆粒狀的細胞
有棘層
基底層所產生的細胞分裂形成棘
基底層
新的細胞不斷產生出來
真皮
血管
神經

✿污垢是如何發生的？

鄰國韓國的名產是烤肉、泡菜以及搓污垢。就算每天泡澡清洗身體，但是藉由專業人士之手，還是可以在身上搓出一大堆的污垢來。

人類的皮膚，由外側的表皮和內側的真皮二層所構成，其下還有皮下組織。表皮又分爲五層。

表皮最內側稱爲基底層，這裡經常有新的細胞產生。細胞成熟後，一邊進行細胞分裂，一邊慢慢的朝外側移動。到達有棘層時，細胞會形成刺狀的突起。再往外會出現好像草莓狀的顆粒，形成顆粒層。愈接近表面，細胞愈會衰退，最後失去核。死亡而變成透明的細胞層稱爲透明層。死亡細胞變硬，形成薄的板狀，重疊起來形成角質層，最後剝落。這就是污垢的真相。成人皮膚的面積全部攤開來大約有一張榻榻米大，每天會出現十公克的污垢，會因爲脂肪或空氣中的灰塵附著而變得更重，顏色也會變得更黑。

搓污垢不僅能夠去除已經形成的老廢物，同時也可以促進肌膚的血液循環。雖然感覺有點疼痛，但是，實際上卻會讓人有放鬆的感覺。到韓國旅行時，可以嘗試一下。

✿出現雞皮疙瘩的構造

耶誕大餐所吃的火雞腿肉，其烤成金黃色的皮的表面，佈滿好像顆粒般

Science memo **汗腺** 存在於真皮及皮下結締組織中。汗的分泌具有調節體溫的作用。

雞皮疙瘩是如何產生的？

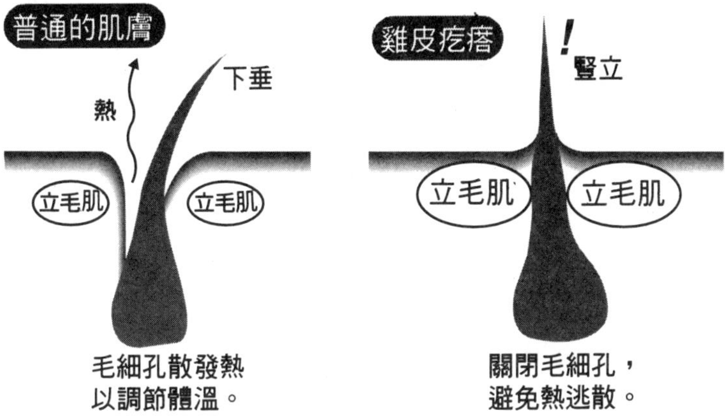
普通的肌膚
熱
下垂
立毛肌
立毛肌
毛細孔散發熱
以調節體溫。
雞皮疙瘩
!
豎立
立毛肌
立毛肌
關閉毛細孔，
避免熱逃散。

的毛細孔。而在冷風吹拂時，人類的肌膚表面也會出現這樣的顆粒。

我們的身體藉著毛細孔散發熱，而**汗腺**所分泌的汗則在皮膚表面蒸發，具有使體溫下降的作用，藉此調節體溫。會起雞皮疙瘩，也是皮膚的作用之一。

覺得寒冷時，自律神經會刺激**立毛肌**，使得皮膚表面收縮。這就是起雞皮疙瘩的構造。同時，在接近表皮的毛細血管也會收縮，減少血流，汗腺活動暫時停止，防止體熱散發到體外。雖然並不是很舒服的感覺，但是起雞皮疙瘩就是身體想要保持正常溫度的證明。

✤禿頭的人不會有頭皮屑嗎？

讓人產生不潔印象的頭皮屑，正

Science memo **立毛肌**　埋在毛髮的皮膚中的部分稱為毛根部，這個部分的毛髮被玻璃膜所覆蓋。立毛肌是和皮脂膜相連的肌肉。

式名稱是「頭皮粃糠疹」，也就是頭皮的死亡細胞剝落下來的東西。在毛根部的脂肪腺分泌的脂肪，積存在毛髮間，最後乾燥剝落而形成頭皮屑。

不管是誰，頭皮會分泌脂肪，這是很自然的功能。即使是禿頭的人也會有頭皮屑。但是，禿頭的人沒有毛髮，因此，頭上不會有脂肪積存，頭皮屑立刻就會被吹走。追求新生的生髮劑或增髮法的禿頭男性們哪，你們可知道禿頭也有這個優點嗎？

✿為什麼指紋能夠成為事件證據？

在刑事影片裡，犯人會仔細消滅犯罪現場的指紋。由此可知，指紋是能找出特定個人犯罪的搜查方法，因爲每個人的指紋都不同。

指紋的生成是在胎兒時期。從真皮的部分開始成形，即使表面被燒傷或受傷，只要傷口痊癒，就會恢復原先的指紋。指紋的作用是讓指尖的感覺敏銳，容易抓東西。

有的人沒有指紋，或者不是線而是呈零散的點狀，但是，大部分的人都會出現如波浪般的曲線。這個紋路呈弓形，就稱爲「弓狀紋」，如果中心的紋路呈橢圓形，就稱爲「渦狀紋」，而如果像動物的蹄，就稱爲「蹄狀紋」。大致可分爲這三種紋路。日本人則以渦狀紋最多見。

✿腫包的膿是戰士的墓碑

Science memo　**葡萄球菌**　聚集起來像葡萄串般的革蘭陽性球菌的總稱。

生前就決定好了指紋

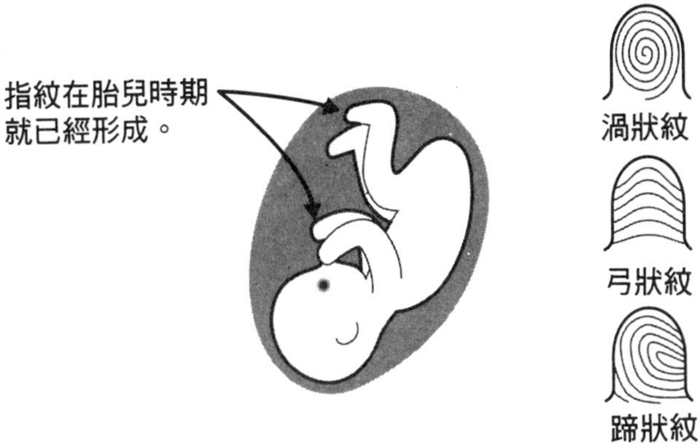
指紋在胎兒時期
就已經形成。
渦狀紋
弓狀紋
蹄狀紋

傷口發生數日後，會出現黏黏的黃色物體，這就是膿。膿到底是由何種物質構成的呢？

在空氣中飄浮著各種細菌。像**葡萄球菌**等強力的細菌會侵入傷口，使得傷口附近的細胞等組織遭到破壞。

引起發炎症狀時，組織會求救，這時**白血球**會通過血管來到該處，吞食掉惡劣的細菌。但是，白血球在這時會死亡，屍體變成膿。

看起來骯髒的膿，其背後卻有白血球挺身而出，與有害細菌作戰、保護身體的勇敢事跡留存下來。

Science memo **白血球** 具有殺死侵入體內有害微生物作用的細胞。白血球除了核以外，還擁有細小顆粒的嗜中性白細胞、嗜酸性白細胞、嗜鹼性白細胞，以及無顆粒的淋巴球和單球(單核細胞)等。

2 肌肉——控制人類動作的肌肉的構造

♣占體重五十％，共有四百條骨骼肌

✤你屬於白肉人還是紅肉人？

「今天什麼白肉比較好吃啊？」經常光臨壽司店的人可能會這麼說。但是，爲什麼魚有像鮪魚、鮭魚、鰹魚等紅肉魚，還有比目魚、鱸魚、鰈魚、鯛魚等白肉魚呢？白肉和紅肉都是魚的肌肉，但性質有點不同。紅肌比較長於緩慢而持續的收縮，不容易疲倦，而白肌則能夠迅速收縮，瞬間產生極大的力量，但是容易疲倦，無法長久持續。

像鮪魚或鰹魚等魚類，即使長時間回游也不會疲累，就是因爲紅肌較多的緣故。通常潛藏在海底，而當魚餌出現時就迅速撲過去捕捉的比目魚等，則有很多具有爆發力的白肌。紅肌看起來是紅的，這是因爲它含有肌紅蛋白色素的緣故。

就人類的肌肉而言，肌纖維集合成束，而肌纖維和魚一樣有白肌、紅肌之分。爲了迅速活動，眼瞼周圍的眼肌以跳躍時使用的**腓腸肌**等，以白肌較多。而像腹肌、胸大肌等**橫紋肌**，則有很多具有持久力的紅肌。

Science memo **腓腸肌・橫紋肌**　小腿肚的肌肉。會感覺到腳疲勞的是腓腸肌，而橫紋肌則是人活動手腳等的肌肉（骨骼肌）。此外，還有使內臟活動的平滑肌、使心臟跳動的心肌等。

你是白肉人還是紅肉人？

白肉系列

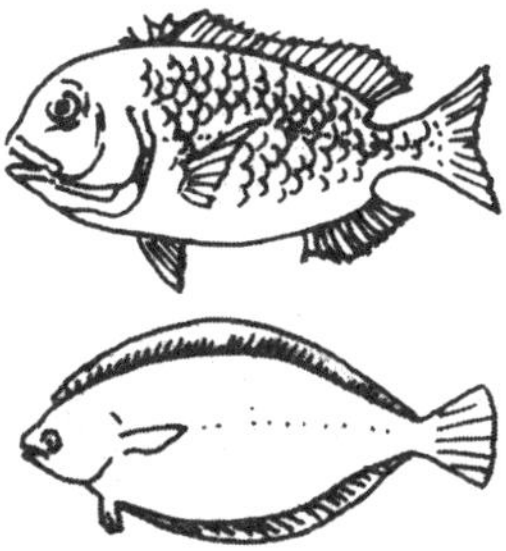

＝

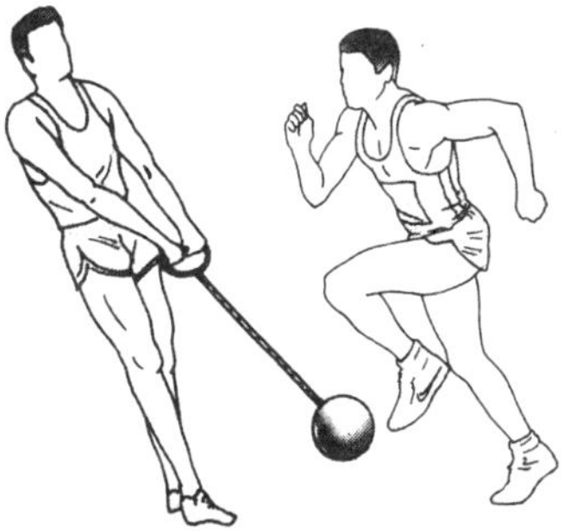

白肉系的魚具有良好的瞬間爆發力。

擲鉛球或短距離跳高選手等 7 成以上是白肌。

紅肉系列

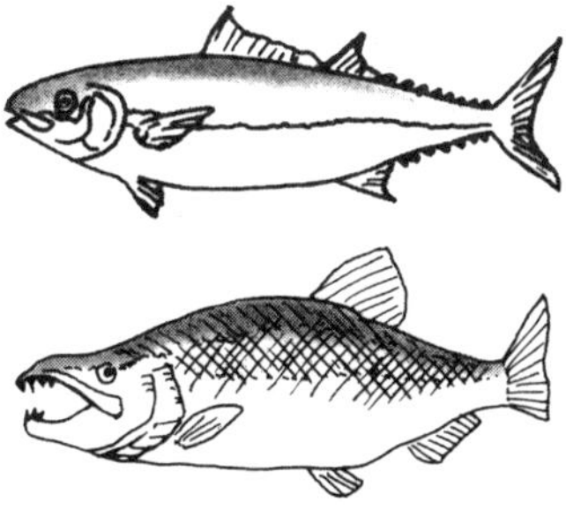

＝

紅肌系的魚能夠長時間游泳。

長跑及長泳選手7～8成都是紅肌。

但是，這也有個人差異。例如，需要持久力的馬拉松選手或長泳選手，紅肌比例超過七成。而跳高選手則七至八成是白肌。另外，體重及擲鐵餅選手的白肌也比較多。

基本上白肌與紅肌的比例是與生俱來的，因此，拿手的運動也不同。反之，透過拿手的運動，也可以了解到白肌和紅肌何者較多。

✿為什麼會發生肌肉痛呢？

活動肌肉時需要成為熱量源的葡萄糖以及燃燒葡萄糖的氧。葡萄糖是澱粉被消化，在小腸被吸收後送到血液的東西。在日常生活的運動中，全都要由葡萄糖和氧來負責。這個反應和肺進行的外呼吸不同，稱為內呼吸。

但是，劇烈的運動導致血液中缺氧，熱量來不及產生時，就必須要分解葡萄糖，取得熱量。這稱為厭氣呼吸。這時能夠取得的熱量為使用氧的嗜氣呼吸的十分之一，效率不彰，而且會形成**乳酸**物質。

此外，當肌肉中的葡萄糖缺乏時，蓄積在肝臟的糖原就會一點一點的被分解出來，釋出熱量，但這時也會產生乳酸。

乳酸最後藉著氧分解為水和二氧化碳，然後再變成糖原。但是，在這個反應過程當中會引起肌肉痛。所以，能夠在中途取得休息的運動，就能夠補充足夠的氧，不會生成乳酸，疲勞也不會積存。

Science memo **乳酸**　一種有機酸。當乳酸發酵或是進行激烈的肌肉運動等，糖在無氧狀態下分解時，就會產生乳酸。

肌肉和引擎具有相同的構造

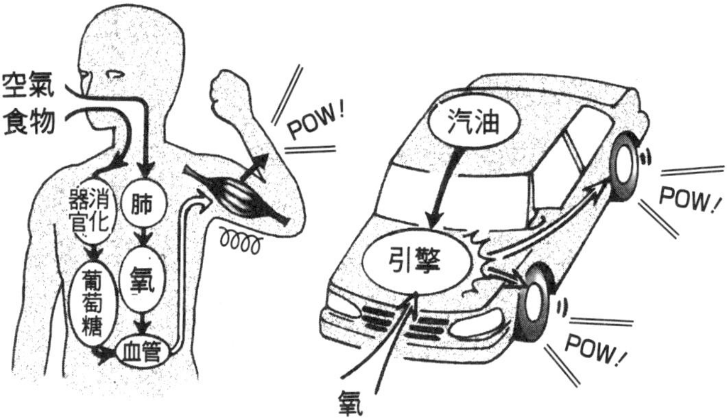

✤小腿肚抽筋的構造

跑馬拉松或游泳時，突然腿抽筋疼痛，這就是小腿肚抽筋。

肌肉由粗大的肌和細小的肌所構成的，兩種肌互相拉扯，進行動作。連續進行激烈的運動時，肌肉疲勞積存，無法充分進行氧的供給以及乳酸的排除。

換言之，肌肉的功能無法順暢進行，乳酸積存，一旦肌肉用力，就會持續出現收縮狀態。位在小腿肚的腓腸肌或足脛前面外側**脛骨前肌**發生痙攣時，就會引起小腿肚抽筋。

在這種情況下，只要趕快抱住抽筋的腿，用手慢慢的將腳的拇趾朝足背的方向後仰，就能夠復原。此外，在運動之前好好的做暖身操，也能夠

Science memo **脛骨前肌** 膝以下，腳的小趾側的肌肉。容易引起痙攣的部分。

防止小腿肚抽筋。

✤消除肩膀酸痛的方法

長時間坐在辦公桌前，頸部和肩膀好像扛著沈重的大石頭似的，產生不適感。這樣的酸痛，是因爲持續同樣的姿勢，使得肌肉僵硬而引起的。

此外，精神緊張或**壓力**也是導致肌肉收縮的原因之一。肌肉一旦緊張收縮，就會壓迫血管，造成淤血。這時新鮮的血液無法送達，老廢物很難排除掉。而持續肌肉緊張時，疲勞物質乳酸和感覺疼痛的神經就會受到刺激，使得疼痛更爲強烈。

要防止肩膀酸痛，就一定要好好的休息，去除身心的緊張和疲勞。但上班族恐怕很難辦到這一點。在長時間勉強的狀態下，無法放鬆肌肉的緊張，就會使得肩膀酸痛慢性化。

想要減輕肩膀酸痛，則必須要放鬆肌肉，使血液循環順暢。偶爾繞繞脖子或指壓肩膀，都是有用的。此外，運動不足也會導致肩膀酸痛，因此，要藉著適度的運動促進血液循環，改善體質。

✤瘤子的內容是什麼?

駱駝的背部有大的瘤，裡面塞滿了脂肪。駱駝可以一週至十天不吃不喝的在沙漠中行走，就是因爲瘤中積存了熱量。

Science memo **壓力**　精神、社會及物理上對人體造成影響的因素，稱為應激子，而藉此使得生物體受到影響的狀態，就稱為壓力狀態。

試試看！對肩膀酸痛有效的穴道

感覺肩膀酸痛時，按壓圖●的部分。

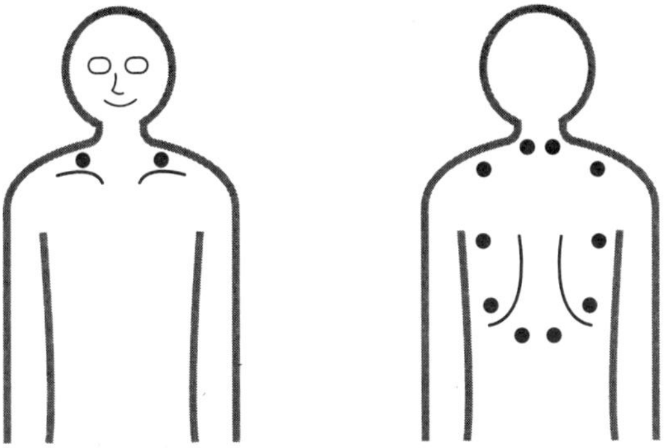

我們的身體在碰到異物時，也會形成瘤子。當然，並不是像駱駝的駝峰一樣用來當做熱量的貯藏庫。這時會造成皮下出血，破裂的血管會滲出血液來。

因此，在肌肉或皮下生成瘤子。人體在脂肪及肌肉較厚的腹部和腿部，血液從皮膚滲出，會出現淤青的現象。但是，在頭或足脛等的皮膚與骨之間沒有脂肪和肌肉，血液無處可去，因此會積存下來，朝外側隆起。

形成瘤的時候，不要任意揉捏或按壓，要好好的冷敷。

Science memo **駱駝**　在中亞有雙峰駱駝棲息，在西南亞及北非則有單峰駱駝棲息。

3 骨骼——人體的支柱，骨骼的神奇

♣交替相當激烈的骨骼

✿折斷的骨頭如何重新連接起來？

生成人體的骨骼，以建築物來比喻，就相當於樑柱的部分。要支撐家這個身體，就要具有韌性，能夠忍受一些撞擊，其構造相當的精密。

在骨內外的骨膜內，有血管和神經通過。骨的內部有製造新骨的骨芽（成骨）細胞，以及破壞骨的破骨細胞。從生到死，感覺好像體內的骨骼都是一樣的，但是實際上，藉著這二種細胞，骨骼經常更新。**骨折**的修復也是藉著這二種細胞的作用來完成的。

骨折時，首先通過骨內的血管破裂，流出的血液在傷口處凝固。這時折斷部分的縫隙也塡補起來，防止血液從血管流出。

接著，從骨膜分泌骨芽細胞，反覆分裂，增加細胞量，蓋住骨骼部，形成假骨。在這個狀態下，無法成爲原來的骨的形狀。這時出場的就是破骨細胞。破骨細胞會吸收多餘的骨，調整爲原先的形狀，因此可以修復骨折。

Science memo **骨折**　骨骼也會得癌症。像骨肉瘤等，股骨、頸骨、肱骨等容易形成癌症。

骨再生的構造

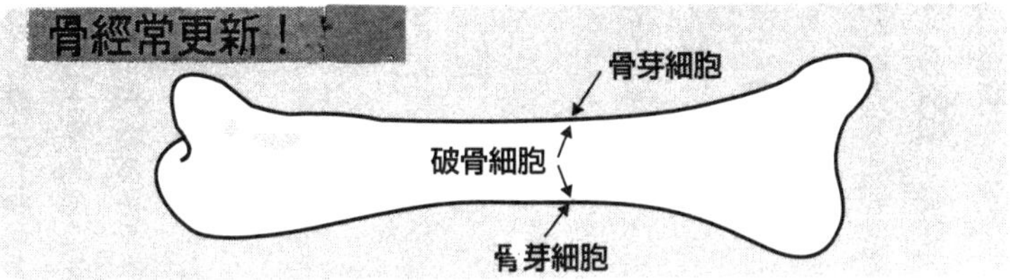
骨經常更新！
骨芽細胞
破骨細胞
骨芽細胞

1

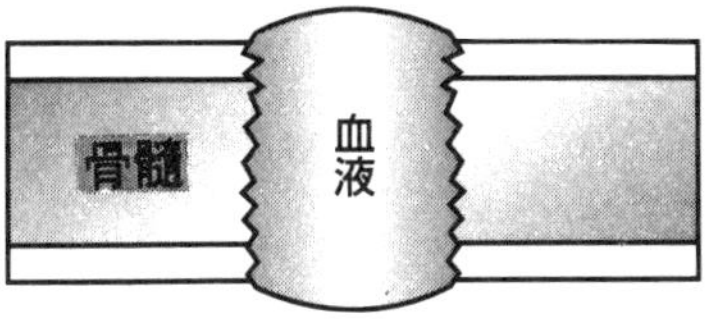
骨髓
血
液

從骨的血管破裂流出的血在傷口凝固，停止出血。

2

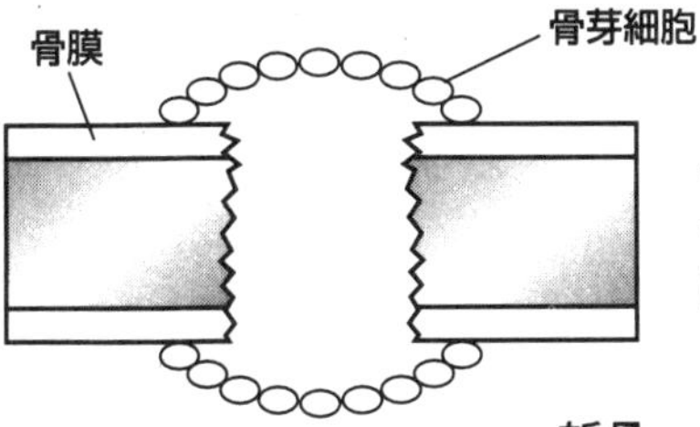
骨膜
骨芽細胞

骨折部分的表面聚集了骨芽細胞，開始進行細胞分裂。

3

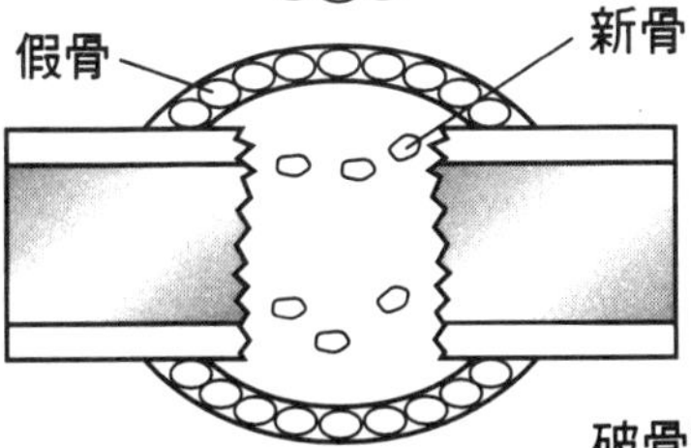
假骨
新骨

骨芽細胞增加，形成假骨。

4

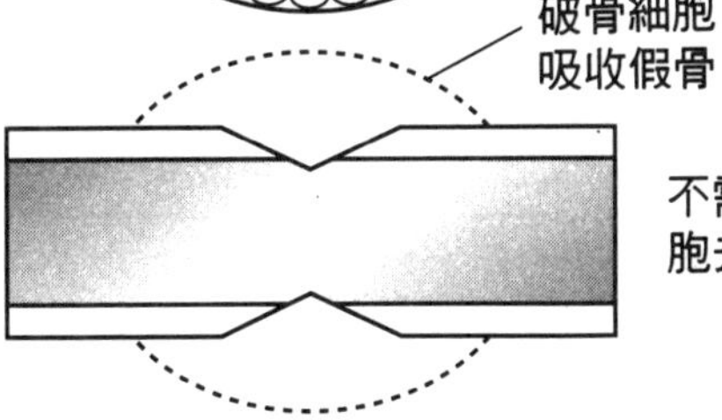
破骨細胞
吸收假骨

不需要的假骨被破骨細胞去除，完成骨的修復。

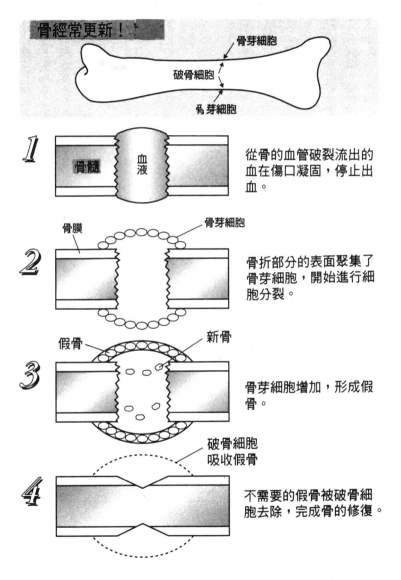

✿骨質疏鬆症的真相

人類過了三十五歲以後，骨骼開始老化，骨芽細胞和破骨細胞的平衡失調，骨內部的空洞增加，變得脆弱。這就是骨質疏鬆症的症狀。

大家都知道骨骼的主要成分是鈣。此外，使骨芽細胞活化的**維他命D**也是重要成分。

想要保持堅硬、強健的骨骼，就必須要持續攝取鈣。此外，曬太陽以及適度的運動也很重要。

✿為什麼脛骨會疼痛？

因爲某種原因而撞到足脛時，痛到令人想要跳起來。足脛被稱爲「讓弁慶哭泣的部位」。連弁慶（傳說是一個勇武、豪傑的僧人的名稱）這樣的強者，被撞到足脛時也會哭。

足脛的皮膚之下就是骨，這裡不像人體其他部位有肌肉和脂肪等可以緩和撞擊的緩衝墊，遍布在骨表面的知覺神經夾在皮膚和骨之間，一旦撞到東西時就會直接受到撞擊，所以感覺非常的痛。

✿早晨和中午的身高不同

在泡沫經濟全盛時期，女性們認爲選擇婚姻對象的條件有「三高」。即使現在還是有很多女性在意這個問題。對於這種說法，當然有些男性會感到

> *Science memo* **維他命D**　從鱈魚科魚類肝臟的脂肪內發現了脂溶性維他命，具有促進鈣沈著於骨骼的作用。

從早上起床到晚上睡覺為止，身高持續縮短。

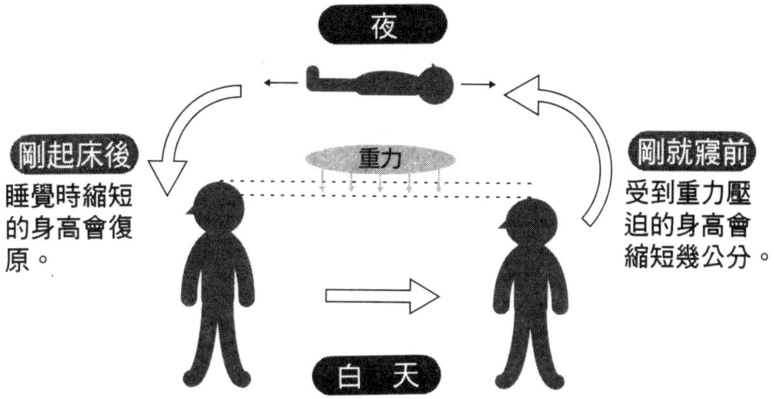
夜
重力
剛起床後
睡覺時縮短的身高會復原。
剛就寢前
受到重力壓迫的身高會縮短幾公分。
白天

既憤慨又失望，但是，唯一可以輕易克服的就是讓身高長高。

背骨是由頸椎、胸椎、腰椎、骶骨、尾骨構成。從頸椎到腰椎排列著二十四個硬的**脊椎**骨。脊椎骨之間交互存在著具有彈力的椎間軟骨，在彎曲背部或跳躍時能夠吸收加諸身體的衝擊，緩和對於腦的振動。

白天活動時，軟骨承受重力，受到壓力。因此，比較白天的身高與起床時的身高，會發現小學生縮短了一・三公分、大學生縮短了一・八公分。到了晚上睡覺時再度取回彈力，就能夠使身高復原。

因此，頭一次和女性約會，最好選擇在早上。

Science memo **脊椎**　將來自於大腦的命令傳達到身體各處的神經纖維束。長約45公分，重約25公克。

4 指甲—使指尖感覺敏銳的指甲的作用

♣指甲不是骨骼的一部分，而是皮膚的一部分

很多人認爲指甲是由骨骼構成的。但事實上它是皮膚的一部分，是皮膚的角質層變形而來的。

✤看指甲就可以了解一個人的健康狀態

透過薄薄的淡粉紅色指甲，血管淸晰可見，因此，指甲的顏色會因爲血流的情況而產生微妙的變化。有人說，指甲是健康的象徵。

仔細觀察，指甲上會形成橫溝。這是因爲疾病、精神打擊、營養障礙，或濕疹、皮膚炎、**地中海型禿頭**等皮膚病，使得指甲成長暫時停止的現象。

指甲從甲根內側的甲床組織製造出來，一天以○・一毫米的速度生長。如果在距離根部五毫米處形成橫溝，就表示五十天前曾經生過病。

此外，如果指甲好像包住指尖似的彎曲，那就表示肺或心臟可能罹患疾病，要多加注意。指甲朝外側後仰，形成湯匙狀，其原因是貧血。過了三十歲之後，指甲會出現縱線，這是任何人都會出現的老化現象，無須擔心。

各位女性在往美容院修剪指甲之前，是否曾仔細的觀察自己的指甲呢？

> **Science memo**
>
> **地中海型禿頭**　雖然沒有皮膚異常或自覺症狀，可是頭頂卻出現圓形掉髮的症狀。除了頭髮之外，也可能發生在眉毛、陰毛等部位。原因是精神壓力、內分泌異常、特異性體質等。

利用指甲可以做簡單的健康診斷

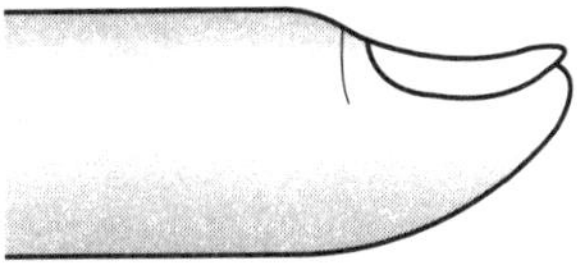

指甲正中央陷凹成
湯匙狀。

診斷結果

＝貧血。

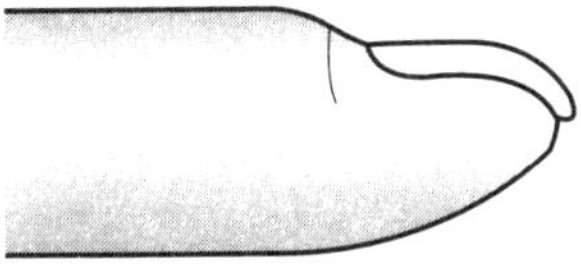

指甲朝向指尖彎曲。

診斷結果

＝罹患肺部或
心臟疾病。

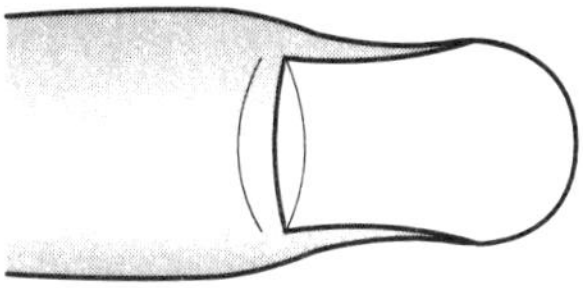

從上面看，指甲狀
似鼓槌。

診斷結果

＝疑似心臟病或
肝硬化。

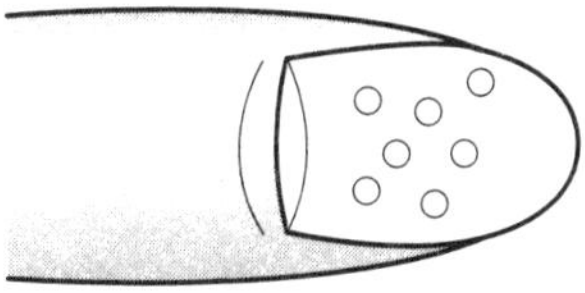

看到無數的白斑點。

診斷結果

＝可能是腎臟病。

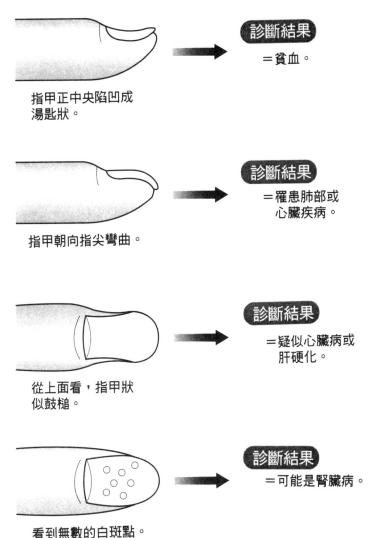

5 毛髮──從頭髮到陰毛，人類至今還有毛髮濃密的現象

♣頭髮藉著女性荷爾蒙成長，體毛藉著男性荷爾蒙成長

✤為什麼黑髮會變白髮？

過年回娘家，看到熱情出來迎接的雙親，頭上白髮突然增加了。「年紀大了」，令人感覺有點落寞。相信很多人都有這樣的經驗。

製造頭髮顏色的是色素細胞**黑素細胞**。黑素細胞在毛髮根部的毛母細胞附近，以氨基酸中的**酪氨酸**爲材料製造出黑色素來。

黑色素愈多，髮色愈黑。象徵老化的白髮，則是因是黑素細胞的衰弱，黑色素減少而造成的。曬太陽時會看到閃亮的白髮，就是因爲進入有黑素細胞場所的空氣反射造成的。

長白髮的原因不僅止於老化，受到壓力的影響，在精神不穩定的時期，黑素細胞的功能也會減弱。

因爲存在先天性的因素，所以，並沒有什麼可以確實避免白髮產生的方法。但是，積極攝取黑芝麻或海草等含有蛋白質的食品，避免壓力，讓身心充分休息，就能夠保有烏黑健康的頭髮。

Science memo　**黑素細胞**　存在於皮膚、眼睛的脈胳膜、虹膜等形成黑色素的細胞。此顆粒由表皮細胞所包圍，使得膚色產生變化。

毛髮的構造

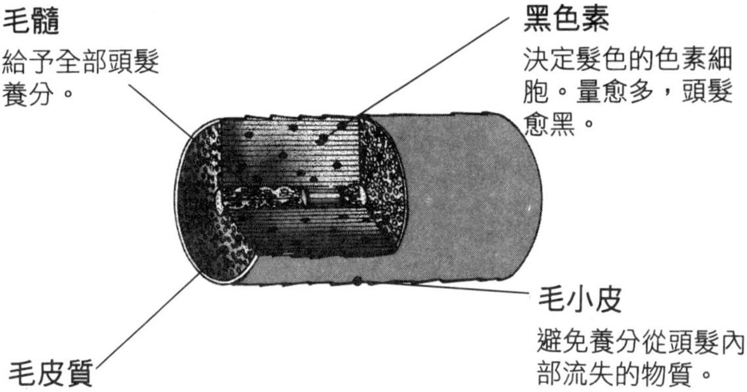
毛髓
給予全部頭髮養分。
黑色素
決定髮色的色素細胞。量愈多，頭髮愈黑。
毛小皮
避免養分從頭髮內部流失的物質。
毛皮質

✿鬍鬚和胸毛的作用

頭髮是為了使掌管人類思考和動作的頭免於衝擊而產生的保護體。那麼，只有男性才會長的鬍鬚和胸毛到底具有何種作用呢？

貓能夠通過鬍鬚前端和耳連結的寬度範圍。也就是說，判斷能不能夠通過，是靠著鬍鬚的觸感來進行的。對其他動物而言，鬍鬚是認識周圍物體的重要感覺器官。

那麼，同樣的情況是否可以適用於人類身上呢？大家都知道，人的鬍鬚並沒有觸覺機能，所以真實的情況不得而知，有人說或許是男性的性感象徵吧！從遠處一望就可以判別性別。此外，還有人說可以積存從臉部的香腺分泌出來的氣味。

Science memo **酪氨酸**　構成蛋白質的一種氨基酸。受到來自於酵素的氧化作用，產生延胡索酸、黑色素等。

包括鬍鬚在內，頭髮以外的體毛，都是藉著男性荷爾蒙而成長的。胸毛也是藉著男性荷爾蒙的作用而生長的，所以，也可以當成是男性表現性感的材料。

此外，體毛能夠排除蓄積在人體內造成不良影響的**重金屬**。只要看看毛髮，就可以知道體內過去曾經攝取了多少重金屬。受到男性荷爾蒙的影響，頭髮稀疏的人，體毛較濃。可能是爲了代替稀疏的頭髮，由體毛將有害物質排出體外吧！

最近男性的美容商品十分受人歡迎，在美容沙龍等進行體毛除毛、脫毛的年輕男性增加了。

但是，爲了性感以及健康著想，還是讓它長出來比較好。

✤為什麼陰毛會捲曲？

直髮、捲髮、黑髮、淡茶色頭髮等，頭髮有各種不同的特徵。若比較人種，則黃種人以直髮較多，白種人以捲髮較多。因個人或人種的差異，生長方式和毛量也有差別。然而毫無例外的，會捲曲的毛就是陰毛。

直毛的剖面是圓形的，但是，陰毛卻是橢圓形的。爲什麼會造成這種差距？可能是因爲作用於這些毛的荷爾蒙不同吧！頭髮是藉著女性荷爾蒙來成長，陰毛則是藉由男性荷爾蒙**雄激素**而成長。胸毛和腋毛捲曲，也是男性荷

Science memo **重金屬**　比重4～5以上的金屬稱為重金屬。對人體會造成不良影響的有鎘、鋅、金、鉛等。

毛的成長與荷爾蒙的作用有關！

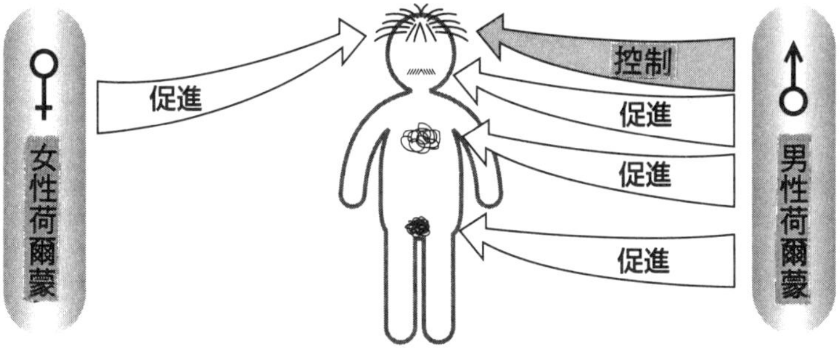

如果僅以荷爾蒙分泌的角度來探討，則鬍鬚或胸毛較濃密的人比較有「男性的」作用。

爾蒙的作用造成的。

由捲曲的外觀來看，大家可能很難想像得到，陰毛的成長比頭髮慢得多。頭髮一個月會長一公分，持續長三至四年。而陰毛一個月只長六至七毫米，壽命最多只有一年。據說有的外國女性其陰毛甚至長到膝蓋，但是國內女性大約爲三至六公分，如果拉長，則平均大約爲九至十公分。男性則稍長一些。

事實上，所知道的也只有這些而已。關於陰毛捲曲的理由及其作用，眾說紛紜，並無定論。有一說是，爲了對異性表示性感，陰毛可以積存來自陰部和腋下頂泌腺所散發出來的氣味。

Science memo **雄激素**　是睪丸素、雄甾酮等男性荷爾蒙的總稱。

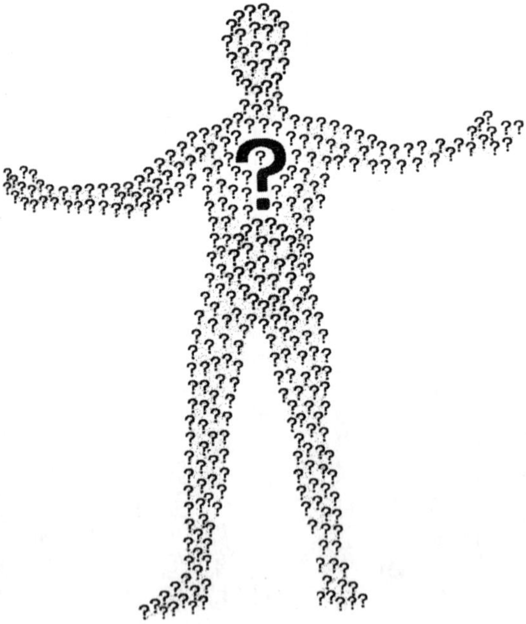

PART 7

「未知的人體」

超越想像的人體的神奇 你所不知道的身體！

☞ 鬼壓床之謎
☞ 似曾相識的感覺不是超常現象嗎？
☞ 火災現場的傻力氣出自何處？
☞ 應該先吃飯還是先洗澡呢？
☞ 為什麼生病發燒還覺得冷呢？

1 奇怪現象——某天某時突然出現在人體的怪現象

♣看起來原因來自外部的怪現象，真正原因卻在腦

✿「身體不能動彈！」鬼壓床是如何發生的？

半夜突然驚醒，想要起身，但是卻無法動彈。這個特異狀況令人恐懼，在一些心靈體驗的怪談當中，經常提到這樣的事情。但結論是，這並不是幽靈作祟，而是在睡眠中的腦和身體的狀態造成的。

在大腦部分已經說過，睡覺時有淺眠的**速波睡眠**和深眠的**慢波睡眠**，兩者會交互發生。與鬼壓床有關的是速波睡眠的時段。速波睡眠時，身體進入深眠，完全放鬆，腦則接近清醒時的狀態，已經做好起床的準備。此外，會做一些幻想的夢，也是在速波睡眠的時候。

在這種狀態下做了可怕的夢，已經開始活動的腦，做出讓身體起床的指令，但是，因爲全身的肌肉仍然在放鬆狀態下，所以無法動彈，也無法發出聲音來。

這就是鬼壓床的真相。這時什麼也不必做，不久之後自然就能夠活動，不必擔心。知道了鬼壓床的真相之後，也許有的人就能夠釋懷了。但是和朋

Science memo　**速波睡眠與慢波睡眠**　參照28頁。

似曾相識的感覺是「記憶的錯覺」

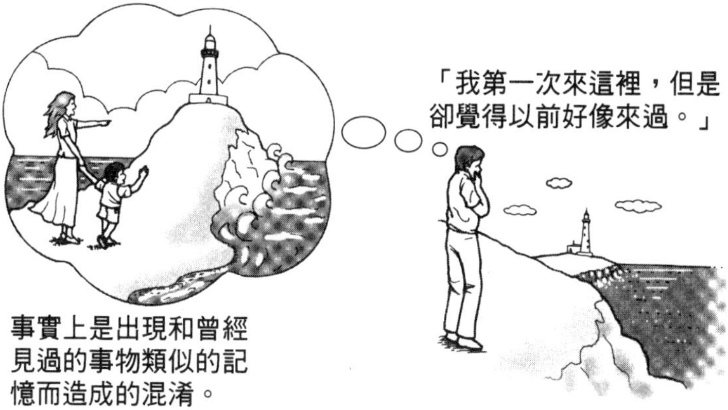
「我第一次來這裡，但是
卻覺得以前好像來過。」
事實上是出現和曾經
見過的事物類似的記
憶而造成的混淆。

友聚在一起討論怪談時，如果你說：「其實鬼壓床是速波睡眠……」恐怕會讓人討厭。

✤「我以前好像來過這裡……」爲什麼會出現似曾相識的感覺呢？

這個景色以前見過——

似曾相識，相信大家都有過這樣的經驗。這個感覺很神奇，因此，有些人認爲是「預知能力」或「前世的記憶」。心理學將其稱爲「**偽記憶**」，其真相只是「單純的錯覺」而已。

孩提時代可能去過海邊，長大成人之後來到相似的海岸，會覺得「好像來過」。事實上，不管哪裡的海岸都很像，於是潮水的氣味就喚起了自己遺忘的以往的記憶。不僅是海，山上的道路也有很多相似之處。在慶典

> *Science memo* **偽記憶**　電影當中經常會出現喪失記憶的患者利用催眠拾回記憶的情節。催眠療法在醫學上的可信度較低，而且通常也會引起偽記憶。

或劇場等比較獨特的氣氛下，不僅是視覺，連聽覺、嗅覺都會受到刺激而形成錯覺。或許這是有點讓人落寞的解說，不過是否要接受，就看個人的選擇了。

✿「自己的身體好像被別人操縱著！」外星人的手的真相

為了治療疾病，接受了右腦與左腦分割手術的患者中，有的人會有外星人的手這種症狀。也就是說，一隻手（大多是左手）會違反自己的意志任意活動，阻礙原本想要進行的行動，或是做一些完全無關的事情。

例如，想要穿衣服，右手正在扣釦子，左手卻把釦子解開。或是想要用右手做菜，左手卻加以阻撓。關於外星人的手，目前還有很多不明白之處，但是可以做以下的推測。

「大腦左右各有一個，兩者都可能會產生意識。二個腦當中，操縱語言、與他人溝通的左腦占優勢，右腦經常甘於當左腦的僕人。但一旦切斷二個腦的聯繫時，右腦就會產生第二個自我。」

事實上，問接受分割手術的學生患者將來想做什麼，左腦的回答是「設計師」，而左手（右腦）則指著「賽車手」。

在自己體內有另外一個自己，的確是非常刺激的事情，但是相關研究目前還在起步當中，無法下定論。

Science memo **外星人的手** 與其類似的症狀是雙重人格。這是指同一個人交互出現不同的性格。

右腦與左腦獨立會引起外星人的手的症狀嗎？

發生外星人的手的假設

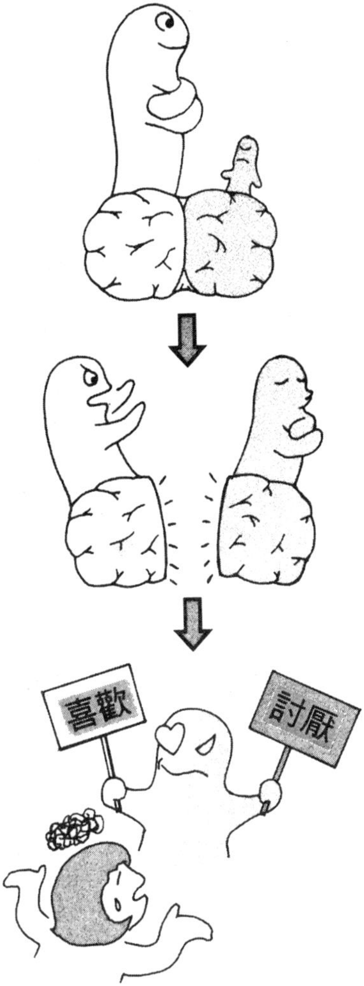

右腦和左腦本來都各自擁有意識，而掌管語言溝通的左腦占優勢，支配著右腦。

一旦右腦與左腦被分割，右腦就從左腦的支配中解放出來，建立獨自的意識。

右腦與左腦各自獨立，也擁有意識。結果1個人體內好像存在著2種不同的意識。→外星人的手

2 超能力——超越界限神奇的人體力量

♣有時候人體能夠發揮和電腦或推土機並駕齊驅的性能

✿火災現場的傻力氣出自何處？

遇到火災等意外的突發事故時，平常辦不到的事情，這時卻能夠發揮驚人的力量完成，這稱爲「火災現場的傻力氣」。事實上，我們平常也有這種力氣，但是其到底隱藏在何處呢？

肌肉分爲心肌、平滑肌、骨骼肌三種。其中負責走路、抬東西等動作的是骨骼肌。骨骼肌是**肌纖維**束的集合體。來自於腦的指令透過運動神經傳達到肌肉，然後肌肉就產生運動。

但是，通常我們只使用了肌肉力量的二〇％。因爲隨便出力會破壞肌肉組織，使得肌纖維斷裂，所以腦會控制這種情況。

然而在緊急時會去除控制，解除對於肌肉的意志，這就是火災現場傻力氣的真相。這時，肌肉的剖面面積一平方公分最多約可以抬十公斤的重物。成人男性單臂剖面平均爲二十五平方公分，光是一隻手就可以舉起二五〇公斤的重物。

Science memo **肌纖維**　也稱為肌細胞，富有伸縮性。每一根都是由具有核的肌纖維形成束，而束聚集起來就形成肌肉。

你的實力有８成是睡著的！

①

如果要將肌肉的力量發揮到100%，可能會損傷肌肉，因此平常只使用20%的力量。

②

在緊急時會放鬆限制，使原有的力量發揮到100%＝**火災現場的傻力氣**

③

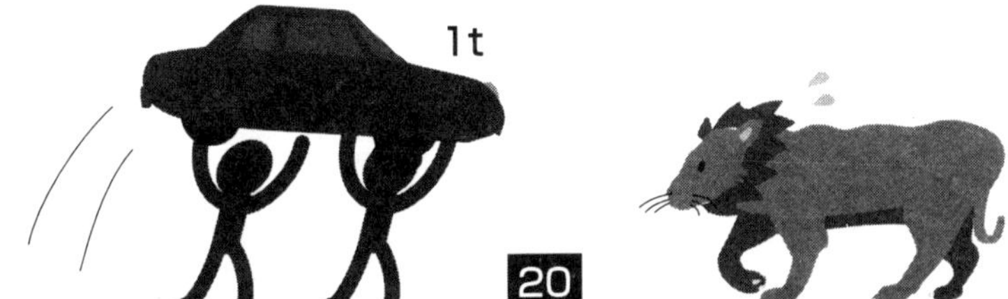

2名成人男性可以抬起1噸＝**1輛輕型汽車的重量！**

✿發揮與電腦相同計算能力的沙旺

「西元三萬年的十一月二十一日是星期幾？」

對於這個問題要如何回答呢？然而世界上真的有人可以回答。他可以立刻回答出過去四萬年、未來四萬年，總計八萬年任何一天到底是星期幾。但是另一方面，他在數數目時，超過三十就數不出來了。像這些因爲腦的發育障礙或精神病引起的重度精神障礙者，卻能夠在特定範圍發揮驚人能力的症狀，就稱爲「沙旺症候群」，而具有這種能力的人就稱爲「沙旺」。

開頭提到的沙旺，連一位數的加法都不會，但是，卻能夠依序說出二十位數的**質數**。而另一位沙旺並沒有學過音樂，但是只要聽一次，則不管任何範圍的複雜長曲，都能夠用鋼琴演奏出來。可是他吃飯的時候無法拿刀叉，是重度精神障礙者，而且是個瞎子。此外，世上還有許多在雕刻、繪畫等藝術方面相當優秀的沙旺。沙旺的共通點就是具有驚人的記憶力。

✿為什麼會出現沙旺這樣的人？

爲什麼會產生這種神奇的能力呢？要找尋答案，就必須把焦點對準在腦的成長上。嬰兒的腦和大人有很大的差距。從出生開始到三歲爲止，海馬還不成熟，無法貯藏插曲記憶。此外，神經元的網路也還沒有形成，網路形成才能夠使物質和心靈兩方面都成熟。

Science memo **質數** 1以及除了自己的數之外沒有其他因數的正整數，稱為質數。除了1之外，還有2、3、5、7、11等無數個質數。

沙旺的原因來自細胞自殺不完全

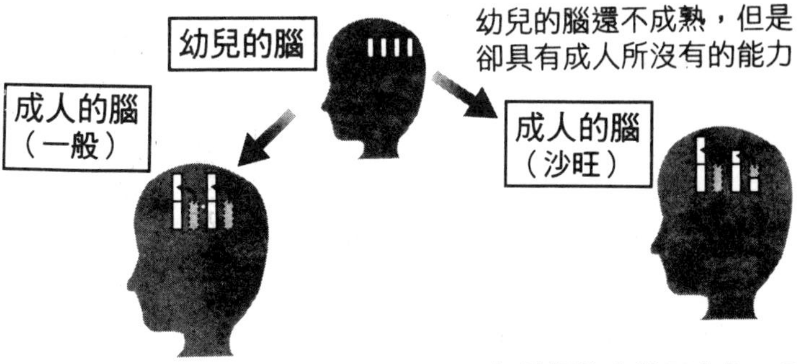

幼兒的腦還不成熟，但是卻具有成人所沒有的能力。

神經元出現細胞自殺，死亡的神經元能夠促進其他神經元的成長。

如果細胞自殺不完全，則通常應該消滅掉的能力會留下來，但相反的卻會導致其他能力不夠發達。

但是，孩子對於映入眼簾的印象，卻具有將之當成照片般記住的記憶能力。這個能力隨著成長就會消失。

隨著腦的成長，腦的神經元和周圍的神經元一起形成網路，而無法形成網路、無法建立自己應該存在場所的神經元就會死亡。這個死亡對於促進其他神經元的成長而言是必要的，但是，取而代之的則是喪失幼兒特有的能力。

不僅是腦，不需要的細胞有計畫性的死亡，稱爲**細胞自殺**。如果不需要的神經元不完全自殺，則原本可以連接的神經元不能成功的連接，就會變得不發達，導致精神障礙。這就是產生沙旺的要因。

Science memo　**細胞自殺**　Apo（誘導）＋ptosis（下降）所構成的字。原本是指樹葉從樹上掉落下來主動死亡的意思。

3 日常生活——適合人體構造的理論

♣雖然是民間傳聞，卻具有科學的根據

✤應該先吃飯還是先洗澡？

「我回來了！」一看到丈夫回來時，妻子會問：「你要先吃飯還是先洗澡呢？」到底是先吃飯還是先洗澡對身體比較好呢？

正確解答是先洗澡。飯後泡澡時，血管變得粗大，血流達到平常的數倍，血液幾乎都到達皮膚，而不會到達消化系統，因此形成很難消化的狀態。此外，熱水的溫度會刺激交感神經，抑制胃液或唾液的分泌。而且，泡個澡能使腰圍變細二至五公分，水壓會造成胃的壓力，減弱消化機能，變成更不容易消化的狀況。

如果吃晚飯時還晚酌一杯，狀況就更糟了。酒精會使心臟活化，容易引起**心律不整**或**心臟功能不全**。食物通過胃，如果是液體只要幾分鐘，固體則需要一至二個小時，而如果是油膩的食物，則要花三至四小時。因此，如果飯後才泡澡，則至少需要隔二小時之後。但是太餓的時候，內臟的血液完全消退，因此應該先吃一些容易消化的食物，然後再泡澡。

Science memo **心律不整・心臟功能不全** 脈搏跳動不規律的狀態，稱為心律不整，會造成心跳不規律。心臟機能衰退、血液循環不順暢的狀態，則稱為心臟功能不全。

飯後泡澡對身體不好的三大理由

①泡澡時血液無法到達消化系統，會使消化機能減退。
②熱水的溫度會刺激交感神經，抑制胃液和唾液的分泌。
③泡澡時的水壓會使胃承受壓力，減弱消化機能。

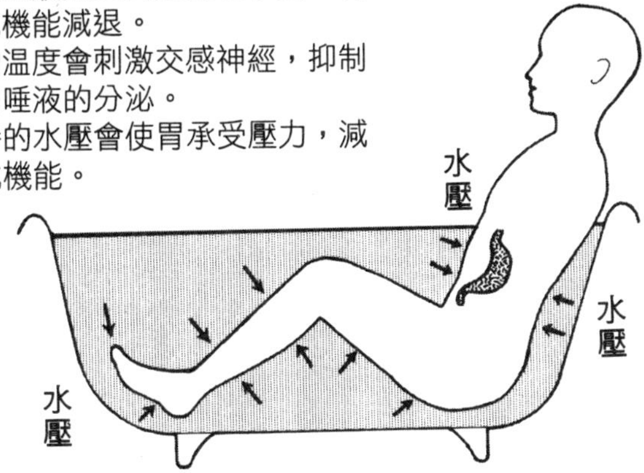

✿真的不可以用茶送服藥嗎？

飽嘗美味的食物後，伸手去拿桌上事先準備好的藥。雖然桌上的杯裡有溫熱的茶，但是，為了服藥卻必須刻意站起來去倒白開水？

「茶中所含的**單寧**和鐵質產生反應，會形成單寧酸鐵。雖然單寧酸鐵無害，但是在胃腸吸收不良。因此，如果藥含有鐵質卻用茶送服，身體會很難吸收。所以即使麻煩，吃藥時也要用溫開水送服……」

但是，這是古老的說法。現在國內的藥已盡量不使其在體內形成單寧酸鐵，因此，用茶送服也無妨，不必特意去拿白開水。

Science memo **單寧** 大量存在於植物組織內的物質，含有澀味。具有使蛋白質凝固的性質，因此用來鞣製皮革。

✿補充體力的飲料真的能夠奏效嗎？

「只要喝下這一瓶，就能夠使你活力充沛！」大家對於補充體力的飲料都有這樣的印象。從小孩到大人，愛用者很多。在藥局的店面，有不少上班族在上班之前會先去藥局或超商買一瓶喝下。

幾乎所有補充體力的飲料中所含的養分都是**維他命B群**，其量達到成人一天所需量的二倍至數倍。此外，還有一些有效成分，像人參、桂皮等漢方藥以及蜂王漿等。看到此處，大家可能認爲補充體力的飲料充滿了活力的泉源。熬夜工作或用功前喝一瓶，就能夠睡意全消，繼續埋首於工作中。

可是，元氣的根源並不是來自於維他命或漢方藥。就算一次大量攝取維他命B，也無法蓄積，它會從尿中排泄出來。而漢方藥沒有速效性，需要經常服用才會產生效果。

那麼，會使人湧現活力的成分是什麼呢？事實上，這是補充體力飲料中所含的咖啡因在作祟。會使神經興奮的咖啡因產生作用，感覺好像產生了元氣。但是，這種狀態無法持續很久，經過一段時間之後，就會出現無力感等反彈現象，所以不要常用。

補充體力的飲料只不過是輔助食品而已，在身體衰弱時，要和飲食併用才有效。

Science memo **維他命B群**　動物的成長因子，是重要的物質。維他命B有很多種，總稱為維他命B群。

補充體力的飲料只不過是自我安慰而已

戰鬥

飲用補充體力飲料之後，感覺好像維他命和漢方在體內循環，使自己充滿元氣似的，但是……

事實上，是咖啡因刺激了神經，形成興奮狀態，讓人感覺好像恢復了
腦
漢方藥不具有速效性，無法立刻發揮效果。
即使大量攝取維他命B，也會變成尿排出體外。

4 體溫——感覺到冷或熱，表示身體健康

♣體溫計的刻度只到四二℃為止的理由

✿為什麼感冒發燒卻還覺得寒冷呢？

發燒時即使蓋上厚厚的被子，也會忍不住的顫抖。但是體溫比平時高，爲什麼還會感覺寒冷？

人體是藉著在腦的丘腦下部的體溫調節中樞來調節體溫，經常保持在三十六℃左右。受到病毒或細菌感染時，體內產生的前列腺素毒素會刺激溫度調節中樞，使得體溫設定得比平常更高。身體爲了使體溫上升，皮膚表面的血管和肌肉就會伸縮以產生熱。

開始產生熱時出現的發抖現象，是肌肉的伸縮造成的。當體溫到達設定好的溫度時，血管和肌肉的伸縮停止，發抖現象也會停止。感覺寒冷，是因爲體溫比平常來得高，相較之下，原先正常的氣溫變低所致。

昏睡幾小時之後，因爲大量流汗，身上的衣服全濕了，但是，醒來時卻覺得很舒服。這是因爲體內散熱，體溫又下降到正常溫度的緣故。但還是不能夠掉以輕心，要趕快換掉濕的衣物，擦拭汗水，避免再次著涼。

Science memo **前列腺素**　簡稱為PG。是動物組織製造出來的生理活性物質。

發燒時覺得冷的原因是什麼？

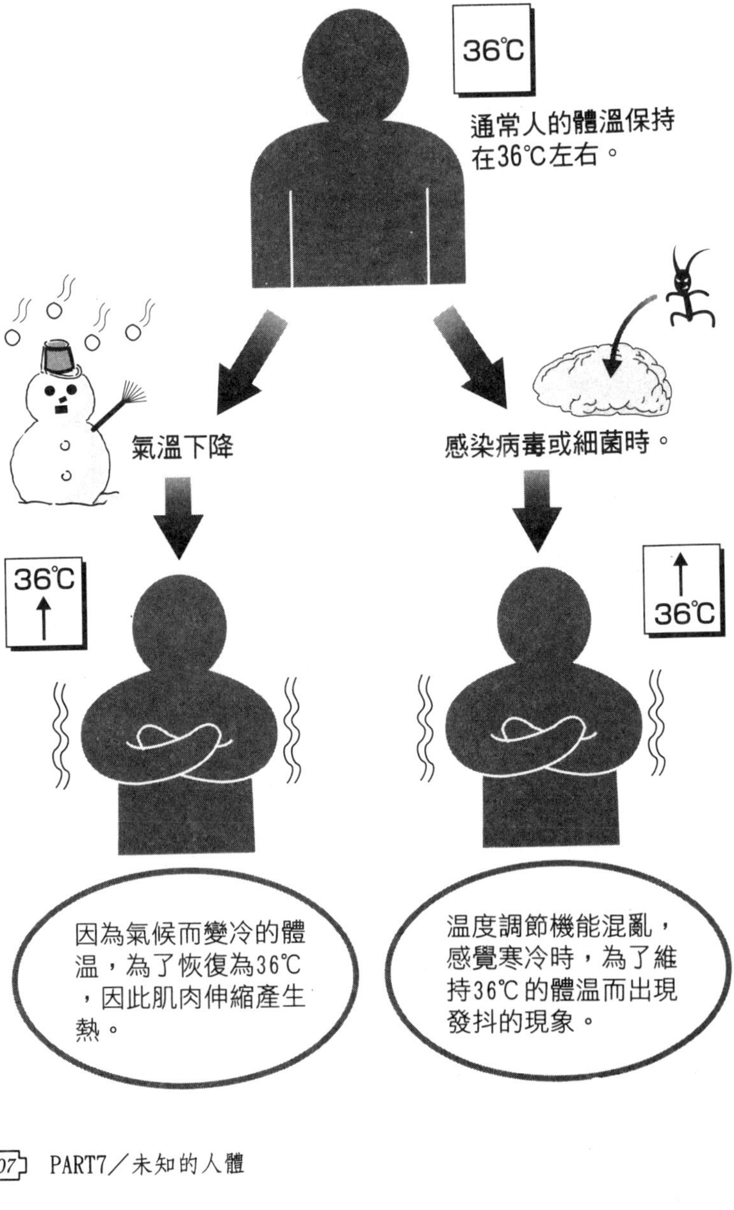

36℃
通常人的體溫保持在36℃左右。
氣溫下降
感染病毒或細菌時。
36℃
36℃
因為氣候而變冷的體溫，為了恢復為36℃，因此肌肉伸縮產生熱。
溫度調節機能混亂，感覺寒冷時，為了維持36℃的體溫而出現發抖的現象。

✿人類的體溫界限為多少度？

通常人類的體溫維持在三十六℃左右。這是藉著腦的丘腦下部的體溫調節中樞發揮的作用。因爲生病而使得身體變異，體溫調節中樞混亂，就會發高燒。但是體溫不可能一直持續上升，到四十二℃就不會再上升了。因爲超過四十二℃，人類就無法活著。構成人體的三大營養素是脂肪、碳水化合物以及蛋白質。蛋白質到達四十二℃時，就會變得像煮過的蛋那麼硬。一旦變硬，就無法復原。結果人體就會陷入**昏睡狀態**，出現意識障礙，最後死亡。所以，體溫計的刻度只到四十二℃爲止。

相反的，人能夠生存的最低體溫是幾度呢？在嚴寒的冬天、長時間泡在冰冷的水中放出大量熱的時候，或是喝得爛醉如泥、血管擴張的時候，體溫調節中樞也會產生混亂。這時，基準溫度下降。體溫下降到三十一℃時，會出現意識混濁和血液障礙。到達二十九至三十℃時，意識喪失。二十六至二十七℃時，瞳孔反射消失。當體溫下降到二十℃以下時，心跳停止。到目前爲止生存例的最低體溫爲十八℃。

很多凍死的遺體都是接近赤裸的狀態。在極度的寒冷當中，喪失體溫維持機能時，皮下的血管無法收縮，血液全部溢出到皮下，瞬間會感覺好像燒灼般的熱，因此會脫掉衣服。

Science memo　**昏睡狀態**　失去意識的狀態中最嚴重的一種。分為會對於強烈刺激產生反應的半昏睡狀態，以及無論給予任何刺激都不會產生反應的深昏睡狀態。

為什麼體溫計的刻度只到 42℃呢？

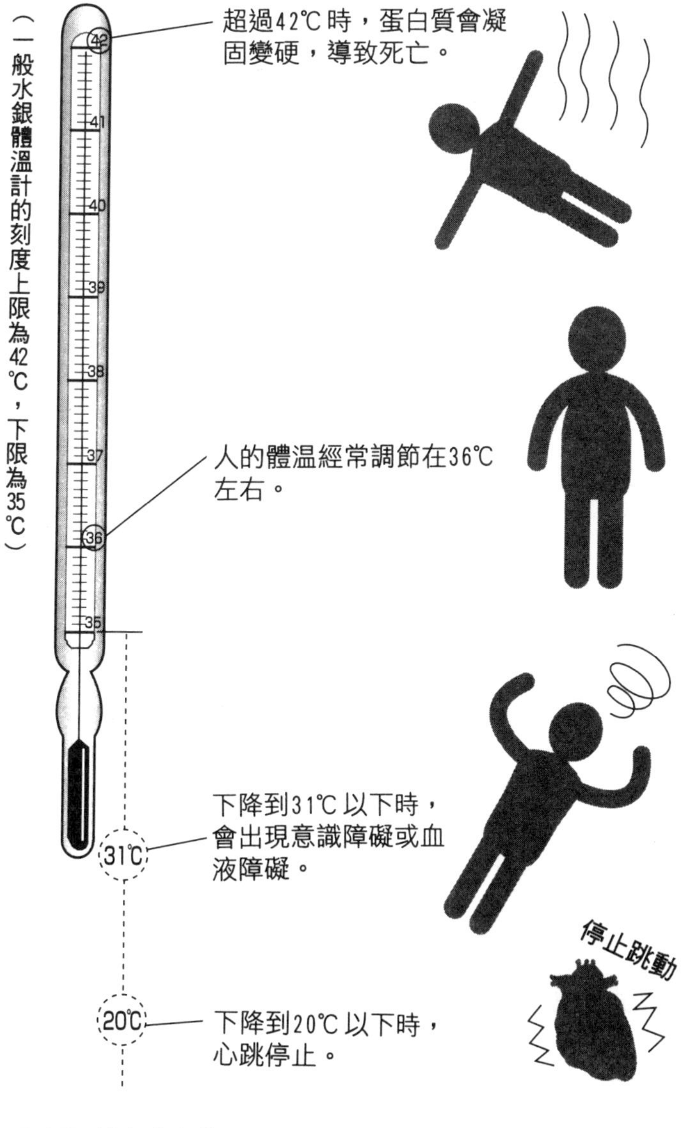
（一般水銀體溫計的刻度上限為42℃，下限為35℃）
42
41
40
39
38
37
36
35
超過42℃時，蛋白質會凝固變硬，導致死亡。
人的體溫經常調節在36℃左右。
31℃
下降到31℃以下時，會出現意識障礙或血液障礙。
20℃
下降到20℃以下時，心跳停止。
停止跳動

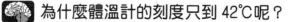

5 常識・非常識——你的「理所當然」是錯誤的嗎？

✿一直認為理所當然的事情卻隱藏著意外的真相

✿悲傷之淚與喜悅之淚的味道不同

經過長期苦練之後，終於獲勝的高中球隊歡喜的淚，愛人離去時悲傷的淚，對於無法原諒行爲的憤怒的淚等。我們在人生的各種場面流在臉頰上的淚，經由科學分析，九十八%是水，剩下的二%是蛋白質、脂質、氯化物。這個成分比例會因流淚場面的不同而有微妙的差距。事實上，淚的味道每一次都會改變。

情緒高漲時的眼淚是，**自律神經**刺激淚腺而流出來的。自律神經分爲交感神經與副交感神經。交感神經會促進跳動，副交感神經會加以抑制。當高興、懊悔、憤怒時，交感神經受到刺激而流淚。這時的淚含有很多**氯化鈉**，因此略帶鹹味。看電影或電視，情緒出現強烈起伏時，副交感神經受到刺激而流淚。這時的淚比交感神經受到刺激時所流的淚更多，黏液和油脂成分較少，水分較多，所以味道比較淡。

淚的作用不僅是用來表現感情而已。淚腺不斷的分泌淚水，淚水進入入眼睛沖掉灰塵。此外，淚中所含的脂質也有防止淚蒸發、滋潤眼睛的作用，

Science memo　**自律神經**　與意識無關，會自動發揮作用的神經。控制內臟、血管、汗腺等。詳情請參照64頁。

由顏色聯想到的印象會改變精神狀態

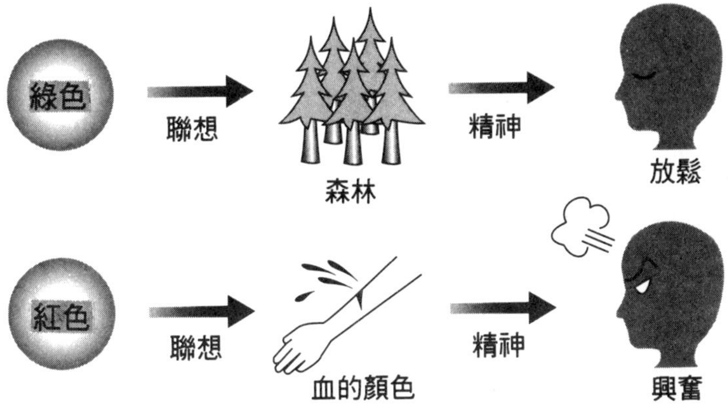
綠色
聯想
森林
精神
放鬆
紅色
聯想
血的顏色
精神
興奮

而溶菌酶蛋白質則具有溶解細菌的作用。

✿顏色真的會影響精神狀態嗎？

速食店的建築物大多是以橘色為基調。這是因爲橘色能夠增加人的食慾；而紅色是提高興奮度的顏色；藍色是抑制興奮的顏色；綠色具有得到放鬆的效果；黃色是使神經功能恢復的顏色。爲什麼顏色會使人類的精神狀態產生變化呢？

最有力的說法是，人類會藉著色彩來捕捉事物。例如，看到綠色會聯想到樹木、森林。像森林浴這樣的字眼，就表示植物對於人類具有放鬆的力量。光是看到綠色就會覺得情緒穩定，這是因爲頭腦中會產生綠＝植物＝放鬆的聯想之故。

Science memo **氯化鈉** 化學式為NaCl，是指鹽。包括天然的岩鹽，或溶於海水、湧泉、地下水中的鹽。

✿乳房的數目不只二個嗎？

「乳房有幾個？」被問到這個問題時，你的答案當然是「二個」。看似理所當然，但實際上「二」這個數字並不是正確的答案。

在母親胎內時，不管誰的身體都有比二個更多的乳房。在成長過程中自然退化消失，但是，也有並未消失而留下來的例子，那就是副乳。

原本就不具有乳房的形狀，看起來很小，甚至根本察覺不到它的存在。然而一旦隆起，卻有乳頭，有的裡面有**乳腺**通過，有的則完全具備了乳房組織，因人而異，各有不同。十人有一人擁有副乳，女性比男性較容易出現副乳。有些女性在生理期時會覺得乳房腫脹。

此外，在生產後乳腺發達時，會突然隆起而出現疼痛。等到母乳順暢分泌出來時，疼痛就會自然停止。但是，你真的只有二個乳房嗎？

✿打呵欠證明正在使用頭腦

在上課時打呵欠，結果老師提醒你要專心上課。有沒有這樣的經驗呢？打呵欠的原因是腦缺氧。腦是藉著分解葡萄糖形成的熱量來展現活動，而這時需要大量的氧。在學習時，腦的活動旺盛，爲了補充足夠的氧，因此大腦皮質對於呼吸中樞發揮作用。打呵欠就是想要一次大量吸入氧而產生的現象。

上課、開會時或坐在辦公桌前容易打呵欠，是因爲長時間持續坐的狀態，

Science memo 乳腺　參照152頁。

你真的只有2個乳房嗎？

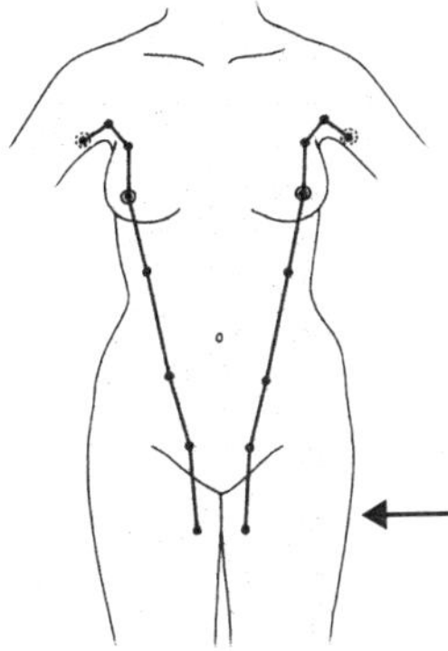

一次產下很多子女的動物（豬等）其乳房數目也很多。基本上人類是一次只生下1個人的動物，因此乳房數目較少。

副乳的位置與其他哺乳類的乳房位置共通。

血液循環不良，沒有足夠的氧通到大腦皮質的緣故。此外，打呵欠會傳染，看到別人打呵欠，則大腦皮質直接受到刺激，對呼吸中樞發揮作用，結果自己也打起呵欠來。在開會或上課時，打呵欠的本人和周圍的人保持同樣的姿勢，所以才容易引起打呵欠的連鎖反應。

打呵欠具有對於大腦及**口唇周圍的肌肉**造成刺激而使其放鬆的效果。張開大口，甚至眼尾好像有眼淚積存，看起來有點不雅，但事實上是因爲腦努力思考才會打呵欠。如果在學校、公司裡被老師、上司責怪時，你可以堂而皇之的說：「這證明我在用腦啊！」不過這要看你有沒有勇氣說出來囉！

Science memo　**口唇周圍的肌肉**　在臉的皮膚下面有稱為表情肌的肌肉，尤其在臉頰下方附近有笑肌，在笑或張開大口時，就會拉扯這個肌肉。

【参考文献】

『全図解　からだのしくみ事典』　安藤幸夫＝監修（日本実業出版社）

『おもしろくてためになる　からだの雑学事典』　佐伯誠一＝著（日本実業出版社）

『図解雑学　からだのしくみ』　高橋長雄＝監修（ナツメ社）

『雑学　カラダの不思議！』　別冊宝島編集部＝編（宝島社）

『人体の不思議　面白すぎる雑学知識』　博学こだわり倶楽部＝編（青春出版社）

『からだの不思議　その仕組みとシグナル』　中野昭一＝著（丸善）

『人体・ふしぎ発見』　高田明和＝著（講談社）

『人体のしくみ』　坂井建雄＝著（日本実業出版社）

『人体の不思議』　半田節子＝著（実業之日本社）

『なぜヒトの性だけ複雑になったのか』　大島清＝著（河出書房新社）

『そこが知りたい！　遺伝子とＤＮＡ』　中原英臣＝監修（弊社刊）

『そこが知りたい！　科学の不思議』　鳥海光弘＝監修（弊社刊）

『考えるヒト』　養老孟司＝著（筑摩書房）
『脳と心の地形図』　リタ・カーター＝著（原書房）
『図解雑学　脳のしくみ』　岩田誠＝監修（ナツメ社）
『生物事典　改訂新版』　江原有信・市村俊英監修＝（旺文社）
『生物小事典　第2版』　三輪知雄・丘英通＝監修（三省堂）
『からだの地図帳』　高橋長雄＝監修・解説／講談社編（講談社）
『完全図解からだのしくみ全書』　高橋健一＝監修（東洋出版）

【用語解說索引】

（以筆劃順序排列）

DNA……154
ES細胞……116
MB……33
Nephron……140
PH……124
乙醇……134
乙醛……134
分子式CH3CHO。為無色而有刺激臭的可燃性液體
二氧化碳……108
十二指腸……136
口腔……82
三叉神經……74
支配顏面所有感覺及下顎運動的神經。
子宮內膜……150，164
大腦……26，30
大腦皮質……26
大腦髓質……26
大腦基底核……30
小腦……26
小肝腺……148
小腿肚抽筋……179
上鼻甲……76
下鼻甲……76
下垂體……26
分子……72
分貝（Phon）……66
中和……136

酸與鹼混合，使其喪失各自的特質，形成鹽和水。
反射……58
毛髮……188
毛細血管……76
五感……52
五臟六腑……136
不孕症……156
中腦……26
中鼻甲……76
中鼻道……76
中樞神經……48
心臟……96
心臟移植……96
心臟功能不全……202
心肌梗塞……98
心律不整……98，202

火災現場的傻力氣……198
白肌……177
生理……146
孕吐……164
打嗝……92
打鼾……80
打呵欠……212
白血球……102，110，175
甘油……126
代表性的3價乙醇。分子式為$CH_2(OH)CH(OH)CH_2OH$。具有甘甜味，是濃稠無色的液體。成為天然的油脂成分，大量生產，是肥皂製造時的副產品。
立毛肌……173
失讀症……40
皮膚……170
皮脂腺……68
牙齒……84

牙釉質……84
外耳道……66，68
外星人的手……196
半規管……70
半乳糖……106
半乳糖酸……106
甲狀軟骨……82
平衡感覺……45，70
末梢神經……48
丘腦……26
丘腦下部……26
丘塞爾巴哈……76
老化……44
汗腺……173
污垢……172
舌下腺……80
同性戀……162
耳……66
耳垂……67
耳廓……66
耳鍋……66
耳小骨……66
耳垢腺……68
耳石器官……70
血型……106
血液……100
血漿……102
血小板……102
血紅素……101
血糖值……122
血紅蛋白……100
有棘層……172
有毛細胞……70
肌肉……176

肌纖維……198
肌紅蛋白……142
交叉支配……38
交感神經……56
自律神經……56，210
地中海型禿頭……186
屁……130
沙旺……200
卵子……150
抗體……114，116
吞噬……94
角膜……62
角質層……170，172
乳房……152
乳酸……178
乳齒……86
乳腺……212
乳腺葉……152
乳汁分泌荷爾蒙……152
尿色素……142
尿道結石……138
肝臟……132
延髓……26
似曾相識……195
味……78
虎牙……86
狐臭……74
免疫……112
味蕾……78
味覺……52
呼吸肌……74
呼吸道……94
花粉症……116
青年期……55

咖啡因……204
知覺過敏……84
昏睡狀態……208
肩膀酸痛……180
長期間記憶……32
虹膜……64
指甲……186
指紋……174
胎兒……42
胎教……166
胎盤……164
咽喉……82
恒齒……86
括約肌……64
玻璃體……62
前列腺素……206
肺……90

肺活量……92
肺循環……108
胃……120
胃液……124
胃底部……123
胃潰瘍……124
壓力、胃炎、動脈硬化或自律神經失調症等原因所引起。上腹部疼痛，引起胃灼熱及消化不良，但有時不會出現症狀。
胃蛋白酶……120
重金屬……190
重碳酸鈉……124
就是碳酸氫鈉。化學分子式為$NaHCO_3$，無色的結晶。加熱後，便失去二氧化碳和水，變成碳酸鈉。用來製造發粉、醫藥（制酸劑）、絲織品、羊毛衣物等的漂白劑、消化劑等。
神經……48

神經元……23，24
神經纖維……48，58
神經膠質細胞……24
氣味……72
病毒……114
海馬……30
記憶……30
蚊子……104
砧骨……66
脊椎……185
陣痛……166
紅肌……177
紅血球……100
脂肪……126
油脂中，在常溫下呈固體狀的物質。植物中存在於果實或種子，動物中則存在於結締組織中，是生物的熱量供給來源。
脂肪酸……126
碳原子呈鎖鏈狀結合的單羧酸的總稱，包括醋酸、棕櫚酸、硬脂酸等。在生物體內氧化後成為熱量源。
脂肪酶……136
將中性脂肪加水分解後變成脂肪酸和甘油的酵素。在動物的肺、脂肪組織、血清，尤其是胰臟的胰液中含量較多。具有消化酵素的作用。
胰島……136
胰島素……136
胰臟……136
胰蛋白酶……136
蛋白質分解酵素之一。在脊椎動物中，由胰臟分泌出來的消化酵素。將蛋白質加水分解後，主要會變成肽。
哺乳類……34
草酸鈣……139
黃體素……150

胼胝體……38
染色體……158
韋尼克……40
荷爾蒙……42
鬼壓床……194
氨基酸……126
為具有氨基（$-NH_2$）與碳基（-COOH）的化合物，是蛋白質的主要構成成分。存在於天然中的氨基酸有八十多種。目前已知組成蛋白質的約二十種。
透明層……172
骨……182
骨折……182
骨髓……110
骨芽細胞（造骨細胞）……182
骨質疏鬆症……184
破骨細胞……182
插曲記憶……30
胸式呼吸……91
缺鐵性貧血……101
淚……210
烷……131
情緒……34
真皮……170
頂葉……30
眼球……62
軟顎……94
貧血……101
脛骨……184
視覺……52
視神經……62
淋巴……112
淋巴球……114
陰毛……190
陰囊……146

動脈血……100
球蛋白……104
蛋白質……126
散大肌……64
頂泌腺……148
偽記憶……195
基底層……172
處女膜……150
細胞……24
細胞自殺……201
副乳……212
副交感神經……56
條件反射……58
脛骨前肌……179
結石……138
間腦……26
鈣質……85

元素符號為Ca，是高等植物的元素之一。以磷酸鹽或碳酸鹽的方式，大量存在於動物體的骨骼或貝殼中，會使神經系統產生興奮作用。在血漿內，具有凝血激酶這種和血液凝固有關的物質的輔酶作用。

智商……34
著床……160
唾液……80
單寧……203
晶狀體……62
氯化鈉……210
腓腸肌……176
雄激素……190
無性生殖……154
過氧化物……80
減數分裂……158
黑色素……64

由表皮的基底細胞所製造出來的色素，能夠遮斷陽光中有害的紫外線，保護肌膚。
黑素細胞……188
短期記憶……32
短暫記憶……32
運動神經……54
運動性失語症……40
腸……126
樹突……48
嗅覺……52，72
嗅部（嗅裂）……72
鼓膜……66
腮腺……80
喉結……82
會厭……94
腎臟……138，140

腦幹……26
腦橋……26
腦死……46
腦液……28，167
腦腫瘍……98
腦貧血……102
植物人……46
催產素……166
酪氨酸……188
溶菌酶……211
葡萄糖……126
分子式$C_6H_{12}O_6$。是D葡萄糖，為單醣類。存在於葡萄或無花果等果實或蜂蜜及人體的血液中。廣泛分布於自然界。成為澱粉、糖原、纖維素、蔗糖、乳糖等的構成成分。易溶於水，具有還原性。
葡萄球菌……175

意義記憶……30
腹式呼吸……91
嗜氣呼吸……178
滿腹中樞……120
感覺神經……52
感覺性失語症……40
鼻……72
鼻腔……72，82
膀胱……140
精子……146
網膜……62
碳酸……123
睪丸……146
橫膈膜……74，90
碳酸鈣……70，139
厭氣呼吸……178
維他命B群……204

維他命B_{12}……102
維他命D……184
鋅……124
金屬元素之一。元素符號為Zn，原子序30，原子量65·39。具有藍白光澤的脆弱金屬。一旦接觸到帶有溼氣的空氣，就會變成灰白色。

輸血……106
糊精……85
是白色或淡黃色粉末的碳水化合物。將澱粉利用酸或澱粉酶加水分解後所產生的中間生成物。

瘤子……180
質數……200
醋酸……134
羧酸之一。分子式為CH_3COOH。具有刺激性臭味及酸味的無色液體，是醋的酸味的主要成分。經由酒類發酵而製造出來。

頷下腺……80

橫紋肌……176

增血糖素……136

糖原……132

存在於動物的肝臟、肌肉及菌類中的一種多醣類。肝臟的糖原是熱量儲存物質。肌肉的糖原則是肌肉收縮的熱量供給來源。

靜脈血……100

頭皮屑……174

澱粉……80

由於植物的碳酸固定而產生的營養儲藏物質，為存在於種子或根莖、塊根、球根中的碳水化合物，在植物中，以澱粉粒的方式存在。構造則因植物種類的不同而有不同，是動物重要的營養來源。

澱粉酶……80，136

酵素之一。能夠將澱粉、直鏈澱粉、糖原等液化、糖化，產生麥芽糖或葡萄糖等。

膿……175

瞳孔……62

錘骨……66

聲帶……68

矯正……87

壓力……180

膽汁……128

膽石……138

膽囊……132

膽固醇……132

高等動物代表性的甾醇。化學分子式為$C_{27}H_{46}O$。多半存在於神經、腦脊髓等處。

膽紅素……128，138

顆粒層……172

額葉……30

繆唐斯……85

磷酸鈣……139
鏈球菌……85
呈鎖鏈狀排列的革蘭陽性球菌。是丹毒、猩紅熱、肺炎、中耳炎、心內膜炎、風濕熱、腎小球腎炎、產褥熱及敗血症等的病原。
雙重器官……38
雞皮疙瘩……172
離子……50
懷孕……164
蹬骨……66
鬍鬚……189
藍德休塔那……106
觸覺……52
竇結節……97
懸雍垂……80
攝食中樞……120
聽覺……52

纖維蛋白原……104
體循環……108
體性知覺區……71
體內生物時鐘……46
鹽酸……124
顳葉前部……30

【主編介紹】

米山　公啟

✦——1952 年出生於日本山梨縣。畢業於聖瑪莉安娜醫科大學醫學部。為醫學博士。

專攻神經內科。對於老人醫療與痴呆問題也不遺餘力。

為日本老人學會評議委員、日本腦中風學會評議委員。

✦——在看護雜誌上連載小品文，作品文體從小品文到醫療小說等十分廣泛。1998 年辭去同大學第 2 內科副教授的工作，持續擔任臨床醫師，進行寫作。

✦——著作包括『沈默野』、『隱藏的病歷』、『醫生的健診初體驗』、『「健康」這種病』等。

【作者介紹】

富永　裕久

✦——1964 年出生於日本北海道。畢業於東京理科大學。後來擔任編輯企劃，以自然科學為主，發行單行本，同時在雜誌和電子媒體方面相當活躍。

✦——主要著作包括『網路的今日與明日』等。

深谷　有花

✦——1976 年出生於日本岐阜縣。畢業於東海大學。擔任編輯企劃。經常為旅行雜誌、生活情報雜誌執筆。報導詳盡，文體輕妙，深獲好評。

大展出版社有限公司
品冠文化出版社

地址：台北市北投區(石牌)
致遠一路二段 12 巷 1 號
郵撥：01669551＜大展＞
19346241＜品冠＞
電話：(02) 28236031
28236033
28233123
傳真：(02) 28272069

圖書目錄

·少年偵探·品冠編號 66

1. 怪盜二十面相	(精)	江戶川亂步著	特價	189 元
2. 少年偵探團	(精)	江戶川亂步著	特價	189 元
3. 妖怪博士	(精)	江戶川亂步著	特價	189 元
4. 大金塊	(精)	江戶川亂步著	特價	230 元
5. 青銅魔人	(精)	江戶川亂步著	特價	230 元
6. 地底魔術王	(精)	江戶川亂步著	特價	230 元
7. 透明怪人	(精)	江戶川亂步著	特價	230 元
8. 怪人四十面相	(精)	江戶川亂步著	特價	230 元
9. 宇宙怪人	(精)	江戶川亂步著	特價	230 元
10. 恐怖的鐵塔王國	(精)	江戶川亂步著	特價	230 元
11. 灰色巨人	(精)	江戶川亂步著	特價	230 元
12. 海底魔術師	(精)	江戶川亂步著	特價	230 元
13. 黃金豹	(精)	江戶川亂步著	特價	230 元
14. 魔法博士	(精)	江戶川亂步著	特價	230 元
15. 馬戲怪人	(精)	江戶川亂步著	特價	230 元
16. 魔人銅鑼	(精)	江戶川亂步著	特價	230 元
17. 魔法人偶	(精)	江戶川亂步著	特價	230 元
18. 奇面城的秘密	(精)	江戶川亂步著	特價	230 元
19. 夜光人	(精)	江戶川亂步著	特價	230 元
20. 塔上的魔術師	(精)	江戶川亂步著	特價	230 元
21. 鐵人Q	(精)	江戶川亂步著	特價	230 元
22. 假面恐怖王	(精)	江戶川亂步著	特價	230 元
23. 電人M	(精)	江戶川亂步著	特價	230 元
24. 二十面相的詛咒	(精)	江戶川亂步著	特價	230 元
25. 飛天二十面相	(精)	江戶川亂步著	特價	230 元
26. 黃金怪獸	(精)	江戶川亂步著	特價	230 元

·生活廣場·品冠編號 61

1. 366 天誕生星	李芳黛譯	280 元
2. 366 天誕生花與誕生石	李芳黛譯	280 元
3. 科學命相	淺野八郎著	220 元

4.	已知的他界科學	陳蒼杰譯	220 元
5.	開拓未來的他界科學	陳蒼杰譯	220 元
6.	世紀末變態心理犯罪檔案	沈永嘉譯	240 元
7.	366 天開運年鑑	林廷宇編著	230 元
8.	色彩學與你	野村順一著	230 元
9.	科學手相	淺野八郎著	230 元
10.	你也能成為戀愛高手	柯富陽編著	220 元
11.	血型與十二星座	許淑瑛編著	230 元
12.	動物測驗—人性現形	淺野八郎著	200 元
13.	愛情、幸福完全自測	淺野八郎著	200 元
14.	輕鬆攻佔女性	趙奕世編著	230 元
15.	解讀命運密碼	郭宗德著	200 元
16.	由客家了解亞洲	高木桂藏著	220 元

・女醫師系列・品冠編號 62

1.	子宮內膜症	國府田清子著	200 元
2.	子宮肌瘤	黑島淳子著	200 元
3.	上班女性的壓力症候群	池下育子著	200 元
4.	漏尿、尿失禁	中田真木著	200 元
5.	高齡生產	大鷹美子著	200 元
6.	子宮癌	上坊敏子著	200 元
7.	避孕	早乙女智子著	200 元
8.	不孕症	中村春根著	200 元
9.	生理痛與生理不順	堀口雅子著	200 元
10.	更年期	野末悅子著	200 元

・傳統民俗療法・品冠編號 63

1.	神奇刀療法	潘文雄著	200 元
2.	神奇拍打療法	安在峰著	200 元
3.	神奇拔罐療法	安在峰著	200 元
4.	神奇艾灸療法	安在峰著	200 元
5.	神奇貼敷療法	安在峰著	200 元
6.	神奇薰洗療法	安在峰著	200 元
7.	神奇耳穴療法	安在峰著	200 元
8.	神奇指針療法	安在峰著	200 元
9.	神奇藥酒療法	安在峰著	200 元
10.	神奇藥茶療法	安在峰著	200 元
11.	神奇推拿療法	張貴荷著	200 元
12.	神奇止痛療法	漆 浩 著	200 元

・常見病藥膳調養叢書・品冠編號 631

1. 脂肪肝四季飲食　蕭守貴著　200 元
2. 高血壓四季飲食　秦玖剛著　200 元
3. 慢性腎炎四季飲食　魏從強著　200 元
4. 高脂血症四季飲食　薛輝著　200 元
5. 慢性胃炎四季飲食　馬秉祥著　200 元
6. 糖尿病四季飲食　王耀獻著　200 元
7. 癌症四季飲食　李忠著　200 元

・彩色圖解保健・品冠編號 64

1. 瘦身　主婦之友社　300 元
2. 腰痛　主婦之友社　300 元
3. 肩膀痠痛　主婦之友社　300 元
4. 腰、膝、腳的疼痛　主婦之友社　300 元
5. 壓力、精神疲勞　主婦之友社　300 元
6. 眼睛疲勞、視力減退　主婦之友社　300 元

・心 想 事 成・品冠編號 65

1. 魔法愛情點心　結城莫拉著　120 元
2. 可愛手工飾品　結城莫拉著　120 元
3. 可愛打扮 & 髮型　結城莫拉著　120 元
4. 撲克牌算命　結城莫拉著　120 元

・熱 門 新 知・品冠編號 67

1. 圖解基因與 DNA　（精）　中原英臣 主編 230 元
2. 圖解人體的神奇　（精）　米山公啟 主編 230 元
3. 圖解腦與心的構造　（精）　永田和哉 主編 230 元
4. 圖解科學的神奇　（精）　鳥海光弘 主編 230 元
5. 圖解數學的神奇　（精）　柳 谷 晃 著 250 元
6. 圖解基因操作　（精）　海老原充 主編 230 元
7. 圖解後基因組　（精）　才園哲人 著 230 元

・法律專欄連載・大展編號 58

台大法學院　法律學系／策劃
法律服務社／編著

1. 別讓您的權利睡著了(1)　200 元
2. 別讓您的權利睡著了(2)　200 元

・武 術 特 輯・大展編號 10

1. 陳式太極拳入門　馮志強編著　180 元

2.	武式太極拳	郝少如編著	200 元
3.	練功十八法入門	蕭京凌編著	120 元
4.	教門長拳	蕭京凌編著	150 元
5.	跆拳道	蕭京凌編譯	180 元
6.	正傳合氣道	程曉鈴譯	200 元
~~7.~~	~~圖解雙節棍~~	~~陳銘遠著~~	~~150 元~~
8.	格鬥空手道	鄭旭旭編著	200 元
9.	實用跆拳道	陳國榮編著	200 元
10.	武術初學指南	李文英、解守德編著	250 元
11.	泰國拳	陳國榮著	180 元
12.	中國式摔跤	黃　斌編著	180 元
13.	太極劍入門	李德印編著	180 元
14.	太極拳運動	運動司編	250 元
15.	太極拳譜	清・王宗岳等著	280 元
16.	散手初學	冷　峰編著	200 元
17.	南拳	朱瑞琪編著	180 元
18.	吳式太極劍	王培生著	200 元
19.	太極拳健身與技擊	王培生著	250 元
20.	秘傳武當八卦掌	狄兆龍著	250 元
21.	太極拳論譚	沈　壽著	250 元
22.	陳式太極拳技擊法	馬　虹著	250 元
23.	二十四式 三十二式 太極 拳 劍	闞桂香著	180 元
24.	楊式秘傳 129 式太極長拳	張楚全著	280 元
25.	楊式太極拳架詳解	林炳堯著	280 元
26.	華佗五禽劍	劉時榮著	180 元
27.	太極拳基礎講座：基本功與簡化 24 式	李德印著	250 元
28.	武式太極拳精華	薛乃印著	200 元
29.	陳式太極拳拳理闡微	馬　虹著	350 元
30.	陳式太極拳體用全書	馬　虹著	400 元
31.	張三豐太極拳	陳占奎著	200 元
32.	中國太極推手	張　山主編	300 元
33.	48 式太極拳入門	門惠豐編著	220 元
34.	太極拳奇人奇功	嚴翰秀編著	250 元
35.	心意門秘籍	李新民編著	220 元
36.	三才門乾坤戊己功	王培生編著	220 元
37.	武式太極劍精華 +VCD	薛乃印編著	350 元
38.	楊式太極拳	傅鐘文演述	200 元
39.	陳式太極拳、劍 36 式	闞桂香編著	250 元
40.	正宗武式太極拳	薛乃印著	220 元
41.	杜元化＜太極拳正宗＞考析	王海洲等著	300 元
42.	＜珍貴版＞陳式太極拳	沈家楨著	280 元
43.	24 式太極拳＋VCD	中國國家體育總局著	350 元
44.	太極推手絕技	安在峰編著	250 元
45.	孫祿堂武學錄	孫祿堂著	300 元

46.	<珍貴本>陳式太極拳精選	馮志強著	280元
47.	武當趙保太極拳小架	鄭悟清傳授	250元
48.	太極拳習練知識問答	邱丕相主編	220元
49.	八法拳 八法槍	武世俊著	220元
50.	地趟拳＋VCD	張憲政著	350元
51.	四十八式太極拳＋VCD	楊 靜演示	400元
52.	三十二式太極劍＋VCD	楊 靜演示	350元
53.	隨曲就伸 中國太極拳名家對話錄	余功保著	300元
54.	陳式太極拳五動八法十三勢	闞桂香著	200元

・彩色圖解太極武術・大展編號 102

1.	太極功夫扇	李德印編著	220元
2.	武當太極劍	李德印編著	220元
3.	楊式太極劍	李德印編著	220元
4.	楊式太極刀	王志遠著	220元
5.	二十四式太極拳(楊式)＋VCD	李德印編著	350元
6.	三十二式太極劍(楊式)＋VCD	李德印編著	350元
7.	四十二式太極劍＋VCD	李德印編著	
8.	四十二式太極拳＋VCD	李德印編著	

・國際武術競賽套路・大展編號 103

1.	長拳	李巧玲執筆	220元
2.	劍術	程慧琨執筆	220元
3.	刀術	劉同為執筆	220元
4.	槍術	張躍寧執筆	220元
5.	棍術	殷玉柱執筆	220元

・簡化太極拳・大展編號 104

1.	陳式太極拳十三式	陳正雷編著	200元
2.	楊式太極拳十三式	楊振鐸編著	200元
3.	吳式太極拳十三式	李秉慈編著	200元
4.	武式太極拳十三式	喬松茂編著	200元
5.	孫式太極拳十三式	孫劍雲編著	200元
6.	趙堡式太極拳十三式	王海洲編著	200元

・中國當代太極拳名家名著・大展編號 106

1.	太極拳規範教程	李德印著	550元
2.	吳式太極拳詮真	王培生著	500元
3.	武式太極拳詮真	喬松茂著	

・名師出高徒・大展編號 111

1.	武術基本功與基本動作	劉玉萍編著	200 元
2.	長拳入門與精進	吳彬等著	220 元
3.	劍術刀術入門與精進	楊柏龍等著	220 元
4.	棍術、槍術入門與精進	邱丕相編著	220 元
5.	南拳入門與精進	朱瑞琪編著	220 元
6.	散手入門與精進	張山等著	220 元
7.	太極拳入門與精進	李德印編著	280 元
8.	太極推手入門與精進	田金龍編著	220 元

・實用武術技擊・大展編號 112

1.	實用自衛拳法	溫佐惠著	250 元
2.	搏擊術精選	陳清山等著	220 元
3.	秘傳防身絕技	程崑彬著	230 元
4.	振藩截拳道入門	陳琦平著	220 元
5.	實用擒拿法	韓建中著	220 元
6.	擒拿反擒拿 88 法	韓建中著	250 元
7.	武當秘門技擊術入門篇	高翔著	250 元
8.	武當秘門技擊術絕技篇	高翔著	250 元

・中國武術規定套路・大展編號 113

1.	螳螂拳	中國武術系列	300 元
2.	劈掛拳	規定套路編寫組	300 元
3.	八極拳	國家體育總局	250 元

・中華傳統武術・大展編號 114

1.	中華古今兵械圖考	裴錫榮主編	280 元
2.	武當劍	陳湘陵編著	200 元
3.	梁派八卦掌（老八掌）	李子鳴遺著	220 元
4.	少林 72 藝與武當 36 功	裴錫榮主編	230 元
5.	三十六把擒拿	佐藤金兵衛主編	200 元
6.	武當太極拳與盤手 20 法	裴錫榮主編	220 元

・少 林 功 夫・大展編號 115

1.	少林打擂秘訣	德虔、素法編著	300 元
2.	少林三大名拳 炮拳、大洪拳、六合拳	門惠豐等著	200 元
3.	少林三絕 氣功、點穴、擒拿	德虔編著	300 元
4.	少林怪兵器秘傳	素法等著	250 元
5.	少林護身暗器秘傳	素法等著	220 元

6. 少林金剛硬氣功　楊維編著　250 元
7. 少林棍法大全　德虔、素法編著　250 元
8. 少林看家拳　德虔、素法編著　250 元
9. 少林正宗七十二藝　德虔、素法編著　280 元
10. 少林瘋魔棍闡宗　馬德著　250 元

・原地太極拳系列・大展編號 11

1. 原地綜合太極拳 24 式　胡啟賢創編　220 元
2. 原地活步太極拳 42 式　胡啟賢創編　200 元
3. 原地簡化太極拳 24 式　胡啟賢創編　200 元
4. 原地太極拳 12 式　胡啟賢創編　200 元
5. 原地青少年太極拳 22 式　胡啟賢創編　220 元

・道學文化・大展編號 12

1. 道在養生：道教長壽術　郝勤等著　250 元
2. 龍虎丹道：道教內丹術　郝勤著　300 元
3. 天上人間：道教神仙譜系　黃德海著　250 元
4. 步罡踏斗：道教祭禮儀典　張澤洪著　250 元
5. 道醫窺秘：道教醫學康復術　王慶餘等著　250 元
6. 勸善成仙：道教生命倫理　李剛著　250 元
7. 洞天福地：道教宮觀勝境　沙銘壽著　250 元
8. 青詞碧簫：道教文學藝術　楊光文等著　250 元
9. 沈博絕麗：道教格言精粹　朱耕發等著　250 元

・易學智慧・大展編號 122

1. 易學與管理　余敦康主編　250 元
2. 易學與養生　劉長林等著　300 元
3. 易學與美學　劉綱紀等著　300 元
4. 易學與科技　董光壁著　280 元
5. 易學與建築　韓增祿著　280 元
6. 易學源流　鄭萬耕著　280 元
7. 易學的思維　傅雲龍等著　250 元
8. 周易與易圖　李申著　250 元
9. 中國佛教與周易　王仲堯著　350 元
10. 易學與儒學　任俊華著　350 元
11. 易學與道教符號揭秘　詹石窗著　350 元

・神算大師・大展編號 123

1. 劉伯溫神算兵法　應涵編著　280 元
2. 姜太公神算兵法　應涵編著　280 元

3.	鬼谷子神算兵法	應涵編著	280 元
4.	諸葛亮神算兵法	應涵編著	280 元

・秘傳占卜系列・大展編號 14

1.	手相術	淺野八郎著	180 元
2.	人相術	淺野八郎著	180 元
3.	西洋占星術	淺野八郎著	180 元
4.	中國神奇占卜	淺野八郎著	150 元
5.	夢判斷	淺野八郎著	150 元
6.	前世、來世占卜	淺野八郎著	150 元
7.	法國式血型學	淺野八郎著	150 元
8.	靈感、符咒學	淺野八郎著	150 元
9.	紙牌占卜術	淺野八郎著	150 元
10.	ESP 超能力占卜	淺野八郎著	150 元
11.	猶太數的秘術	淺野八郎著	150 元
12.	新心理測驗	淺野八郎著	160 元
13.	塔羅牌預言秘法	淺野八郎著	200 元

・趣味心理講座・大展編號 15

1.	性格測驗（1） 探索男與女	淺野八郎著	140 元
2.	性格測驗（2） 透視人心奧秘	淺野八郎著	140 元
3.	性格測驗（3） 發現陌生的自己	淺野八郎著	140 元
4.	性格測驗（4） 發現你的真面目	淺野八郎著	140 元
5.	性格測驗（5） 讓你們吃驚	淺野八郎著	140 元
6.	性格測驗（6） 洞穿心理盲點	淺野八郎著	140 元
7.	性格測驗（7） 探索對方心理	淺野八郎著	140 元
8.	性格測驗（8） 由吃認識自己	淺野八郎著	160 元
9.	性格測驗（9） 戀愛知多少	淺野八郎著	160 元
10.	性格測驗（10）由裝扮瞭解人心	淺野八郎著	160 元
11.	性格測驗（11）敲開內心玄機	淺野八郎著	140 元
12.	性格測驗（12）透視你的未來	淺野八郎著	160 元
13.	血型與你的一生	淺野八郎著	160 元
14.	趣味推理遊戲	淺野八郎著	160 元
15.	行為語言解析	淺野八郎著	160 元

・婦 幼 天 地・大展編號 16

1.	八萬人減肥成果	黃靜香譯	180 元
2.	三分鐘減肥體操	楊鴻儒譯	150 元
3.	窈窕淑女美髮秘訣	柯素娥譯	130 元
4.	使妳更迷人	成　玉譯	130 元
5.	女性的更年期	官舒妍編譯	160 元

6.	胎內育兒法	李玉瓊編譯	150 元
7.	早產兒袋鼠式護理	唐岱蘭譯	200 元
9.	初次育兒 12 個月	婦幼天地編譯組	180 元
10.	斷乳食與幼兒食	婦幼天地編譯組	180 元
11.	培養幼兒能力與性向	婦幼天地編譯組	180 元
12.	培養幼兒創造力的玩具與遊戲	婦幼天地編譯組	180 元
13.	幼兒的症狀與疾病	婦幼天地編譯組	180 元
14.	腿部苗條健美法	婦幼天地編譯組	180 元
15.	女性腰痛別忽視	婦幼天地編譯組	150 元
16.	舒展身心體操術	李玉瓊編譯	130 元
17.	三分鐘臉部體操	趙薇妮著	160 元
18.	生動的笑容表情術	趙薇妮著	160 元
19.	心曠神怡減肥法	川津祐介著	130 元
20.	內衣使妳更美麗	陳玄茹譯	130 元
21.	瑜伽美姿美容	黃靜香編著	180 元
22.	高雅女性裝扮學	陳珮玲譯	180 元
23.	蠶糞肌膚美顏法	梨秀子著	160 元
24.	認識妳的身體	李玉瓊譯	160 元
25.	產後恢復苗條體態	居理安・芙萊喬著	200 元
26.	正確護髮美容法	山崎伊久江著	180 元
27.	安琪拉美姿養生學	安琪拉蘭斯博瑞著	180 元
28.	女體性醫學剖析	增田豐著	220 元
29.	懷孕與生產剖析	岡部綾子著	180 元
30.	斷奶後的健康育兒	東城百合子著	220 元
31.	引出孩子幹勁的責罵藝術	多湖輝著	170 元
32.	培養孩子獨立的藝術	多湖輝著	170 元
33.	子宮肌瘤與卵巢囊腫	陳秀琳編著	180 元
34.	下半身減肥法	納他夏・史達賓著	180 元
35.	女性自然美容法	吳雅菁編著	180 元
36.	再也不發胖	池園悅太郎著	170 元
37.	生男生女控制術	中垣勝裕著	220 元
38.	使妳的肌膚更亮麗	楊　皓編著	170 元
39.	臉部輪廓變美	芝崎義夫著	180 元
40.	斑點、皺紋自己治療	高須克彌著	180 元
41.	面皰自己治療	伊藤雄康著	180 元
42.	隨心所欲瘦身冥想法	原久子著	180 元
43.	胎兒革命	鈴木丈織著	180 元
44.	NS 磁氣平衡法塑造窈窕奇蹟	古屋和江著	180 元
45.	享瘦從腳開始	山田陽子著	180 元
46.	小改變瘦 4 公斤	宮本裕子著	180 元
47.	軟管減肥瘦身	高橋輝男著	180 元
48.	海藻精神秘美容法	劉名揚編著	180 元
49.	肌膚保養與脫毛	鈴木真理著	180 元
50.	10 天減肥 3 公斤	彤雲編輯組	180 元

51.	穿出自己的品味	西村玲子著	280元
52.	小孩髮型設計	李芳黛譯	250元

・青　春　天　地・大展編號 17

1.	A 血型與星座	柯素娥編譯	160元
2.	B 血型與星座	柯素娥編譯	160元
3.	0 血型與星座	柯素娥編譯	160元
4.	AB 血型與星座	柯素娥編譯	120元
5.	青春期性教室	呂貴嵐編譯	130元
9.	小論文寫作秘訣	林顯茂編譯	120元
11.	中學生野外遊戲	熊谷康編著	120元
12.	恐怖極短篇	柯素娥編譯	130元
13.	恐怖夜話	小毛驢編譯	130元
14.	恐怖幽默短篇	小毛驢編譯	120元
15.	黑色幽默短篇	小毛驢編譯	120元
16.	靈異怪談	小毛驢編譯	130元
17.	錯覺遊戲	小毛驢編著	130元
18.	整人遊戲	小毛驢編著	150元
19.	有趣的超常識	柯素娥編譯	130元
20.	哦！原來如此	林慶旺編譯	130元
21.	趣味競賽 100 種	劉名揚編譯	120元
22.	數學謎題入門	宋釗宜編譯	150元
23.	數學謎題解析	宋釗宜編譯	150元
24.	透視男女心理	林慶旺編譯	120元
25.	少女情懷的自白	李桂蘭編譯	120元
26.	由兄弟姊妹看命運	李玉瓊編譯	130元
27.	趣味的科學魔術	林慶旺編譯	150元
28.	趣味的心理實驗室	李燕玲編譯	150元
29.	愛與性心理測驗	小毛驢編譯	130元
30.	刑案推理解謎	小毛驢編譯	180元
31.	偵探常識推理	小毛驢編譯	180元
32.	偵探常識解謎	小毛驢編譯	130元
33.	偵探推理遊戲	小毛驢編譯	180元
34.	趣味的超魔術	廖玉山編著	150元
35.	趣味的珍奇發明	柯素娥編著	150元
36.	登山用具與技巧	陳瑞菊編著	150元
37.	性的漫談	蘇燕謀編著	180元
38.	無的漫談	蘇燕謀編著	180元
39.	黑色漫談	蘇燕謀編著	180元
40.	白色漫談	蘇燕謀編著	180元

・健　康　天　地・大展編號 18

1. 壓力的預防與治療	柯素娥編譯	130 元
2. 超科學氣的魔力	柯素娥編譯	130 元
3. 尿療法治病的神奇	中尾良一著	130 元
4. 鐵證如山的尿療法奇蹟	廖玉山譯	120 元
5. 一日斷食健康法	葉慈容編譯	150 元
6. 胃部強健法	陳炳崑譯	120 元
7. 癌症早期檢查法	廖松濤譯	160 元
8. 老人痴呆症防止法	柯素娥編譯	170 元
9. 松葉汁健康飲料	陳麗芬編譯	150 元
10. 揉肚臍健康法	永井秋夫著	150 元
11. 過勞死、猝死的預防	卓秀貞編譯	130 元
12. 高血壓治療與飲食	藤山順豐著	180 元
13. 老人看護指南	柯素娥編譯	150 元
14. 美容外科淺談	楊啟宏著	150 元
15. 美容外科新境界	楊啟宏著	150 元
16. 鹽是天然的醫生	西英司郎著	140 元
17. 年輕十歲不是夢	梁瑞麟譯	200 元
18. 茶料理治百病	桑野和民著	180 元
20. 杜仲茶養顏減肥法	西田博著	170 元
21. 蜂膠驚人療效	瀨長良三郎著	180 元
22. 蜂膠治百病	瀨長良三郎著	180 元
23. 醫藥與生活	鄭炳全著	180 元
24. 鈣長生寶典	落合敏著	180 元
25. 大蒜長生寶典	木下繁太郎著	160 元
26. 居家自我健康檢查	石川恭三著	160 元
27. 永恆的健康人生	李秀鈴譯	200 元
28. 大豆卵磷脂長生寶典	劉雪卿譯	150 元
29. 芳香療法	梁艾琳譯	160 元
30. 醋長生寶典	柯素娥譯	180 元
31. 從星座透視健康	席拉・吉蒂斯著	180 元
32. 愉悅自在保健學	野本二士夫著	160 元
33. 裸睡健康法	丸山淳士等著	160 元
35. 維他命長生寶典	菅原明子著	180 元
36. 維他命 C 新效果	鐘文訓編	150 元
37. 手、腳病理按摩	堤芳朗著	160 元
38. AIDS 瞭解與預防	彼得塔歇爾著	180 元
39. 甲殼質殼聚糖健康法	沈永嘉譯	160 元
40. 神經痛預防與治療	木下真男著	160 元
41. 室內身體鍛鍊法	陳炳崑編著	160 元
42. 吃出健康藥膳	劉大器編著	180 元
43. 自我指壓術	蘇燕謀編著	160 元
44. 紅蘿蔔汁斷食療法	李玉瓊編著	150 元
45. 洗心術健康秘法	竺翠萍編譯	170 元
46. 枇杷葉健康療法	柯素娥編譯	180 元

國家圖書館出版品預行編目資料

圖解人體的神奇／米山公啟主編，富永裕久、深谷有花著，
林碧清譯　　　－初版－臺北市，品冠，民91
面；21公分－（熱門新知；2）
譯自：人体の不思議
ISBN 957-468-168-8（精裝）
1. 生理學（人體）——問題集
397.022　　　　91016877

圖解人體的神奇

ISBN 957-468-168-8

主編著／米山公啟
著　者／富永裕久、深谷有花
譯　者／林碧清
發行人／蔡孟甫
出版者／品冠文化出版社
社　址／台北市北投區（石牌）致遠一路2段12巷1號
電　話／(02) 28233123・28236031・28236033
傳　真／(02) 28272069
郵政劃撥／19346241
網　址／www.dah-jaan.com.tw
E-mail／service@dah-jaan.com.tw
承印者／國順圖書印刷公司
裝　訂／源太裝訂實業有限公司
排版者／千兵企業有限公司
初版1刷／2002年（民91年）11月
初版2刷／2004年（民93年）10月
定　價／230元